C-1
초등수학 계산법

10 · 분 · 의 · 비 · 법

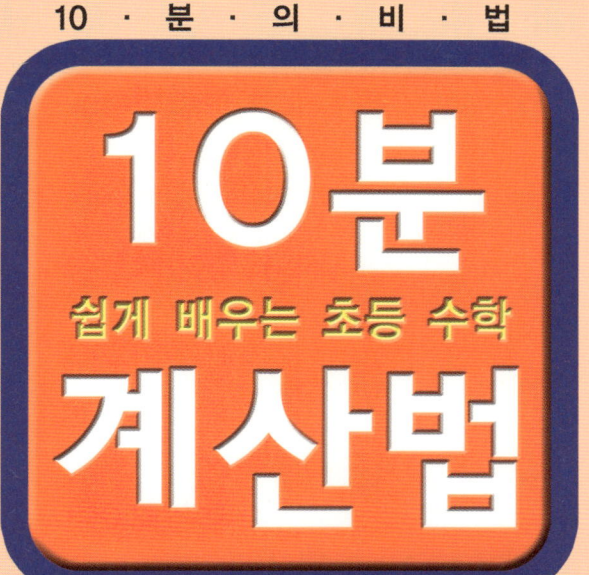

10분

쉽게 배우는 초등 수학

계산법

학습수학 연구회 편

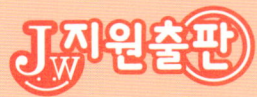

2012년 10월 15일 초판 **발행**
2017년 3월 15일 2쇄 **발행**

발행처 주식회사 지원 출판
발행인 김진용
기획 디자인여우야

주 소 경기도 파주시 탄현면 웅지로 110번길 71
전 화 031-941-4474
팩 스 0303-0942-4474

등록번호 406-2008-000040호

이 책의 구성과 특징

수학의 기초가 튼튼해지는 10분 계산법
계산은 수학의 기본으로 숫자에 대한 감각을 익히고 기초 계산 능력을 향상시킴으로써 수학 공부의 기초를 튼튼히 할 수 있습니다.

두뇌를 발달시키고 숫자에 대한 감각을 익혀주는 10분 계산법
아이가 계산을 하다보면 숫자에 대한 감각을 익히고 계산의 논리를 깨우치게 됩니다.

논리적이고 합리적인 사고력과 문제 해결력을 길러 주는 10분 계산법
수학을 잘하는 어린이는 머리가 좋아서 잘하는 것이 아니라 수학의 계산법의 기술을 터득하여 잘하는 것입니다.

계산의 논리를 깨우치게 하는 10분 계산법
계산은 아이의 뇌를 자극하여 두뇌를 발달시킵니다. 그러다보면 집중력이 향상되어 공부의 습관이 길러집니다.

성취감을 알게 하는 10분 계산법
집중력이 향상되는 학습습관을 기르다보면 다른 공부까지 잘하게 되는 현상이 이어집니다.

스스로 공부하게 되는 10분 계산법
'10분 계산법'은 초등수학을 01~90단계로 기초-실력-완성편으로 단계별 능력별 학습법으로 구성되어 있습니다. 각 단계마다 8회의 반복 학습으로 충분히 연습할 수 있도록 하여 아이 스스로 공부할 수 있게 하였습니다.

차례

이 · 렇 · 게 · 지 · 도 · 해 · 주 · 세 · 요

1. 아이의 능력에 맞는 단계에서 시작합니다.

'10분 계산법'은 실력에 따라 단계별로 구성된 교재입니다.

학년이나 나이와 상관없이 아이의 수준에 따라 시작해주십시오. 그래야 아이가 공부에 대해 성취감과 자신감을 갖게 됩니다. 처음부터 어려움을 느낀다면 아이가 흥미를 잃게 됩니다.

2. 규칙적으로 꾸준히 공부하도록 분위기를 만들어 줍니다.

올바른 공부 방법은 규칙적으로 하는 것입니다. 하루도 빠짐없이 매일 10분씩이라도 정해진 분량을 공부하도록 합니다.

3. 계산 원리를 이해시키면 수학이 쉬워집니다.

수학의 기본적인 원리를 이해해야만 논리적인 사고력을 키울 수가 있습니다. 기본적인 원리를 이해시켜야 아이가 흥미를 가지고 집중력을 기를 수가 있습니다.

4. 단원의 마지막 마다 나오는 성취 테스트에서 아이의 성취도를 확인해 주세요.

성취 테스트에서 아이가 완전히 이해한 후 다음 단계로 넘어가 주세요. 능력에 맞는 학습 분량과 학습 시간을 체크해 가면서 학습 목표를 100% 달성하는 것이 중요합니다.

5. 문장 수학 논술 문제에서는 풀이 과정을 정확하게 적도록 해 주세요.

계산 원리를 제대로 이해했는지 알 수 있도록 해 주는 것이 풀이 과정입니다.

6. 아이에게 칭찬과 격려를 해 주세요.

아이는 자신감이 생겨야 집중력을 발휘할 수가 있습니다. 조금 부족하더라도 칭찬과 격려를 해주신다면 아이는 자신감이 생겨서 성적이 쑥쑥 오를 것 입니다.

C-1
초등수학 계산법

10 · 분 · 의 · 비 · 법

10분
쉽게 배우는 초등 수학
계산법

(주) 지원 출판

61단계 지·도·내·용

분모가 같은 분수의 덧셈(1)

지도 내용

'1'과 크기가 같은 분수 :

$\dfrac{2}{2}$, $\dfrac{3}{3}$, $\dfrac{5}{5}$ ...... $\dfrac{10}{10}$ 분모와 분자가 같은 분수

1을 10등분 한다면 $\dfrac{1}{10}$ 이라고 할 수 있고, 또 $\dfrac{1}{10}$ 이 10개 모이면 1이 됩니다.

예를 들어 사과 하나를 다섯 명이서 똑같이 나누어 먹는다면, 한 명당 $\dfrac{1}{5}$ 씩 먹게 됩니다.

분수는 전체를 1로 보았을 때, 1을 부분으로 나누어 생각한 것을 말합니다.

$$\frac{1}{2} + \frac{1}{2} = 1$$

⊙ **분모가 같은 진분수의 덧셈**

$$\frac{2}{5} + \frac{2}{5} = \frac{4}{5}$$

• 진분수 : 분자가 분모보다 작은 분수

• 가분수 : 분자가 분모와 같거나 큰 분수

• 대분수 : 자연수와 진분수의 합으로 나타낸 분수

분모가 같은 분수의 덧셈 (1)

61 단계
기ㅣ초ㅣ편

61단계 종합 성적

참 잘했어요!	잘했어요!	열심히 했어요!
틀린 개수 0~2개	틀린 개수 3~5개	틀린 개수 6개 이상

● 학습 일정 관리표 ●

	정답수	오답수	공부한 날	확 인
61-01호				
61-02호				
61-03호				
61-04호				
61-05호				
61-06호				
61-07호				
61-08호				

• 엄마와 함께 공부하면서 아이가 직접 써 나가도록 지도해 주세요.

• 틀린 개수를 확인하고 왜 틀렸는지 다시 한번 내용을 확인해 주세요.

■ 다음 분수의 덧셈을 하시오. 답은 가분수 상태로 두어도 됩니다.

❶ $\dfrac{2}{5} + \dfrac{2}{5} =$

❷ $\dfrac{1}{6} + \dfrac{8}{6} =$

❸ $\dfrac{10}{8} + \dfrac{11}{8} =$

❹ $\dfrac{2}{10} + \dfrac{6}{10} =$

❺ $\dfrac{5}{13} + \dfrac{9}{13} =$

❻ $\dfrac{9}{18} + \dfrac{16}{18} =$

❼ $\dfrac{21}{24} + \dfrac{22}{24} =$

❽ $\dfrac{5}{20} + \dfrac{10}{20} =$

❾ $\dfrac{10}{21} + \dfrac{19}{21} =$

❿ $\dfrac{5}{17} + \dfrac{11}{17} =$

⓫ $\dfrac{9}{20} + \dfrac{20}{20} =$

⓬ $\dfrac{10}{25} + \dfrac{21}{25} =$

⓭ $\dfrac{3}{4} + \dfrac{4}{4} =$

⓮ $\dfrac{3}{7} + \dfrac{7}{7} =$

재미있게 공부 하는 문장 수학 논술 문제	1. 재석이는 우유를 $\dfrac{2}{5}$ 리터를 마셨고 채은이는 $\dfrac{1}{5}$ 리터를 마셨습니다. 재석이와 채은이가 마신 우유의 합은 몇 리터일까요?

■ 다음 분수의 덧셈을 하시오. 답은 가분수 상태로 두어도 됩니다.

❶ $\dfrac{1}{3} + \dfrac{2}{3} =$ ❷ $\dfrac{2}{5} + \dfrac{5}{5} =$

❸ $\dfrac{2}{4} + \dfrac{4}{4} =$ ❹ $\dfrac{5}{7} + \dfrac{7}{7} =$

❺ $\dfrac{2}{8} + \dfrac{7}{8} =$ ❻ $\dfrac{2}{10} + \dfrac{9}{10} =$

❼ $\dfrac{3}{9} + \dfrac{8}{9} =$ ❽ $\dfrac{7}{12} + \dfrac{9}{12} =$

❾ $\dfrac{10}{15} + \dfrac{11}{15} =$ ❿ $\dfrac{8}{17} + \dfrac{14}{17} =$

⓫ $\dfrac{10}{21} + \dfrac{16}{21} =$ ⓬ $\dfrac{21}{27} + \dfrac{24}{27} =$

⓭ $\dfrac{3}{7} + \dfrac{5}{7} =$ ⓮ $\dfrac{8}{10} + \dfrac{10}{10} =$

식을 세워 보자! _____

정답 : (   )

■ 다음 분수의 덧셈을 하시오. 답은 가분수 상태로 두어도 됩니다.

❶ $\dfrac{3}{5} + \dfrac{5}{5} =$ 　　　　❷ $\dfrac{4}{6} + \dfrac{6}{6} =$

❸ $\dfrac{5}{8} + \dfrac{7}{8} =$ 　　　　❹ $\dfrac{4}{7} + \dfrac{7}{7} =$

❺ $\dfrac{6}{10} + \dfrac{10}{10} =$ 　　　❻ $\dfrac{5}{11} + \dfrac{8}{11} =$

❼ $\dfrac{10}{13} + \dfrac{12}{13} =$ 　　❽ $\dfrac{11}{19} + \dfrac{15}{19} =$

❾ $\dfrac{14}{20} + \dfrac{16}{20} =$ 　　❿ $\dfrac{16}{22} + \dfrac{19}{22} =$

⓫ $\dfrac{19}{23} + \dfrac{22}{23} =$ 　　⓬ $\dfrac{14}{25} + \dfrac{23}{25} =$

⓭ $\dfrac{2}{7} + \dfrac{7}{7} =$ 　　　⓮ $\dfrac{3}{9} + \dfrac{8}{9} =$

재미있게 공부 하는 문장 수학 논술 문제	2. 순정이는 수박을 $\dfrac{7}{4}$ 조각을 먹고 순철이는 $\dfrac{8}{4}$ 조각을 모두 먹었습 니다. 순정이와 순철이가 먹은 수박의 합은 몇 조각일까요?

■ 다음 분수의 덧셈을 하시오. 답은 가분수 상태로 두어도 됩니다.

❶ $\dfrac{2}{5} + \dfrac{5}{5} =$　　　　　❷ $\dfrac{3}{7} + \dfrac{5}{7} =$

❸ $\dfrac{4}{6} + \dfrac{6}{6} =$　　　　　❹ $\dfrac{5}{8} + \dfrac{8}{8} =$

❺ $\dfrac{7}{10} + \dfrac{10}{10} =$　　　　　❻ $\dfrac{9}{11} + \dfrac{11}{11} =$

❼ $\dfrac{10}{13} + \dfrac{13}{13} =$　　　　　❽ $\dfrac{11}{15} + \dfrac{13}{15} =$

❾ $\dfrac{10}{16} + \dfrac{15}{16} =$　　　　　❿ $\dfrac{11}{19} + \dfrac{16}{19} =$

⓫ $\dfrac{14}{18} + \dfrac{16}{18} =$　　　　　⓬ $\dfrac{18}{21} + \dfrac{21}{21} =$

⓭ $\dfrac{4}{6} + \dfrac{6}{6} =$　　　　　⓮ $\dfrac{5}{8} + \dfrac{8}{8} =$

식을 세워 보재! _____

정답 : (　　　　　　)

■ 다음 분수의 덧셈을 하시오. 답은 가분수 상태로 두어도 됩니다.

❶ $\dfrac{2}{5} + \dfrac{5}{5} =$　　　　❷ $\dfrac{3}{7} + \dfrac{6}{7} =$

❸ $\dfrac{4}{9} + \dfrac{6}{9} =$　　　　❹ $\dfrac{8}{11} + \dfrac{10}{11} =$

❺ $\dfrac{10}{13} + \dfrac{12}{13} =$　　　　❻ $\dfrac{12}{15} + \dfrac{14}{15} =$

❼ $\dfrac{14}{17} + \dfrac{16}{17} =$　　　　❽ $\dfrac{10}{18} + \dfrac{16}{18} =$

❾ $\dfrac{18}{21} + \dfrac{21}{21} =$　　　　❿ $\dfrac{18}{20} + \dfrac{20}{20} =$

⓫ $\dfrac{20}{23} + \dfrac{22}{23} =$　　　　⓬ $\dfrac{20}{27} + \dfrac{26}{27} =$

⓭ $\dfrac{2}{6} + \dfrac{6}{6} =$　　　　⓮ $\dfrac{5}{8} + \dfrac{8}{8} =$

재미있게 공부 하는 문장 수학 논술 문제

3. 채소밭에 $\dfrac{2}{5}$는 배추를 심고 $\dfrac{1}{5}$은 무를 심었습니다. 배추와 무를 심은 총 면적은 얼마나 될까요?

■ 다음 분수의 덧셈을 하시오. 답은 가분수 상태로 두어도 됩니다.

❶ $\dfrac{1}{5} + \dfrac{3}{5} =$

❷ $\dfrac{3}{7} + \dfrac{6}{7} =$

❸ $\dfrac{4}{6} + \dfrac{6}{6} =$

❹ $\dfrac{5}{8} + \dfrac{8}{8} =$

❺ $\dfrac{7}{10} + \dfrac{9}{10} =$

❻ $\dfrac{8}{11} + \dfrac{10}{11} =$

❼ $\dfrac{10}{15} + \dfrac{14}{15} =$

❽ $\dfrac{13}{16} + \dfrac{16}{16} =$

❾ $\dfrac{18}{20} + \dfrac{20}{20} =$

❿ $\dfrac{10}{17} + \dfrac{13}{17} =$

⓫ $\dfrac{11}{22} + \dfrac{14}{22} =$

⓬ $\dfrac{18}{25} + \dfrac{20}{25} =$

⓭ $\dfrac{1}{3} + \dfrac{3}{3} =$

⓮ $\dfrac{5}{7} + \dfrac{7}{7} =$

식을 세워 보자! _____

정답 : (   )

다음 분수의 덧셈을 하시오. 답은 가분수 상태로 두어도 됩니다.

❶ $\dfrac{1}{6} + \dfrac{6}{6} =$

❷ $\dfrac{2}{7} + \dfrac{7}{7} =$

❸ $\dfrac{3}{5} + \dfrac{5}{5} =$

❹ $\dfrac{10}{11} + \dfrac{11}{11} =$

❺ $\dfrac{2}{10} + \dfrac{10}{10} =$

❻ $\dfrac{11}{13} + \dfrac{14}{13} =$

❼ $\dfrac{12}{15} + \dfrac{14}{15} =$

❽ $\dfrac{13}{17} + \dfrac{15}{17} =$

❾ $\dfrac{10}{16} + \dfrac{14}{16} =$

❿ $\dfrac{12}{18} + \dfrac{16}{18} =$

⓫ $\dfrac{15}{19} + \dfrac{17}{19} =$

⓬ $\dfrac{21}{23} + \dfrac{23}{23} =$

⓭ $\dfrac{3}{9} + \dfrac{8}{9} =$

⓮ $\dfrac{8}{11} + \dfrac{11}{11} =$

재미있게 공부하는 문장 수학 논술 문제	4. 가희는 파이를 $\dfrac{8}{7}$ 조각 먹었고 경희는 $\dfrac{6}{7}$ 조각 먹었습니다. 가희와 경희가 먹은 파이의 합은 몇 조각일까요?

■ 다음 분수의 덧셈을 하시오. 답은 가분수 상태로 두어도 됩니다.

① $\dfrac{5}{7} + \dfrac{5}{7} =$

② $\dfrac{7}{10} + \dfrac{8}{10} =$

③ $\dfrac{11}{12} + \dfrac{11}{12} =$

④ $\dfrac{9}{11} + \dfrac{9}{11} =$

⑤ $\dfrac{11}{13} + \dfrac{11}{13} =$

⑥ $\dfrac{11}{14} + \dfrac{13}{14} =$

⑦ $\dfrac{9}{12} + \dfrac{9}{12} =$

⑧ $\dfrac{12}{15} + \dfrac{13}{15} =$

⑨ $\dfrac{15}{17} + \dfrac{16}{17} =$

⑩ $\dfrac{16}{19} + \dfrac{16}{19} =$

⑪ $\dfrac{18}{22} + \dfrac{18}{22} =$

⑫ $\dfrac{22}{25} + \dfrac{24}{25} =$

⑬ $\dfrac{4}{9} + \dfrac{8}{9} =$

⑭ $\dfrac{9}{11} + \dfrac{10}{11} =$

식을 세워 보자! _____

정답 : (   )

■■ 다음 분수의 덧셈을 하시오. 답은 가분수 상태로 두어도 됩니다.

❶ $\dfrac{4}{7} + \dfrac{5}{7} =$ ❷ $\dfrac{9}{11} + \dfrac{9}{11} =$

❸ $\dfrac{11}{12} + \dfrac{11}{12} =$ ❹ $\dfrac{12}{14} + \dfrac{13}{14} =$

❺ $\dfrac{14}{17} + \dfrac{15}{17} =$ ❻ $\dfrac{12}{15} + \dfrac{12}{15} =$

❼ $\dfrac{14}{19} + \dfrac{15}{19} =$ ❽ $\dfrac{18}{20} + \dfrac{18}{20} =$

❾ $\dfrac{18}{21} + \dfrac{18}{21} =$ ❿ $\dfrac{9}{18} + \dfrac{9}{18} =$

⓫ $\dfrac{12}{20} + \dfrac{15}{20} =$ ⓬ $\dfrac{18}{25} + \dfrac{22}{25} =$

⓭ $\dfrac{2}{8} + \dfrac{5}{8} =$ ⓮ $\dfrac{6}{9} + \dfrac{7}{9} =$

⑮ $\dfrac{9}{13} + \dfrac{9}{13} =$

⑯ $\dfrac{10}{12} + \dfrac{11}{12} =$

⑰ $\dfrac{12}{14} + \dfrac{12}{14} =$

⑱ $\dfrac{13}{16} + \dfrac{14}{16} =$

⑲ $\dfrac{17}{20} + \dfrac{18}{20} =$

⑳ $\dfrac{13}{19} + \dfrac{15}{19} =$

테스트 결과표

성취도 테스트 문제는 앞 장의 공부가 끝나고 얼마나 정확하고 빠르게 습득했는지를 알아보기 위한 확인과정의 테스트입니다.
아이가 무엇을 이해 못하는지 어느 부분에서 실수를 하는지 보완하고 잡아주기 위한 자료로 활용하시면 아이에게 큰 도움이 될 것입니다.

정답수	20문제	18문제	16문제	16문제 이하
성취도	아주 잘함	잘함	보통	부족함

※ 정답은 뒷장에 있습니다.

분모가 같은 분수의 뺄셈(1)

지도 내용

분모가 같은 분수의 뺄셈은 분모는 그대로 두고 분자끼리 뺄셈을 하면 됩니다.

컵에 물이 $\dfrac{3}{5}$ 만큼 남아 있습니다. 그 중 내가 $\dfrac{2}{5}$ 만큼 마셨습니다. 따라서 컵에는 $\dfrac{1}{5}$ 만큼의 물이 남게 됩니다.

$$\dfrac{3}{5} - \dfrac{2}{5} = \dfrac{1}{5}$$

만약 $\dfrac{5}{10}$ 만큼의 물에서 $\dfrac{4}{10}$ 만큼의 물을 마신다면 $\dfrac{1}{10}$ 만큼의 물이 남게 됩니다.

$$\dfrac{5}{10} - \dfrac{4}{10} = \dfrac{1}{10}$$

61단계 성취도문제 정답									
❶ $\dfrac{9}{7}$	❷ $\dfrac{18}{11}$	❸ $\dfrac{22}{12}$	❹ $\dfrac{25}{14}$	❺ $\dfrac{29}{17}$	❻ $\dfrac{24}{15}$	❼ $\dfrac{29}{19}$	❽ $\dfrac{36}{20}$	❾ $\dfrac{36}{21}$	❿ $\dfrac{18}{18}$
⓫ $\dfrac{27}{20}$	⓬ $\dfrac{40}{25}$	⓭ $\dfrac{7}{8}$	⓮ $\dfrac{13}{9}$	⓯ $\dfrac{18}{13}$	⓰ $\dfrac{21}{12}$	⓱ $\dfrac{24}{14}$	⓲ $\dfrac{27}{16}$	⓳ $\dfrac{35}{20}$	⓴ $\dfrac{28}{19}$

61단계 문장 수학 논술 문제 정답

1. 식 $\dfrac{2}{5} + \dfrac{1}{5}$ 답 $\dfrac{3}{5}$

2. 식 $\dfrac{7}{4} + \dfrac{8}{4} = \dfrac{15}{4}$ 답 $3\dfrac{3}{4}$

3. 식 $\dfrac{2}{5} + \dfrac{1}{5}$ 답 $\dfrac{3}{5}$

4. 식 $\dfrac{8}{7} + \dfrac{6}{7} = \dfrac{14}{7}$ 답 2

분모가 같은 분수의 뺄셈 (1)

62 단계
기 | 초 | 편

62단계 종합 성적

참 잘했어요!	잘했어요!	열심히 했어요!
틀린 개수 0~2개	틀린 개수 3~5개	틀린 개수 6개 이상

● 학습 일정 관리표 ●

	정답수	오답수	공부한 날	확 인
62-01호				
62-02호				
62-03호				
62-04호				
62-05호				
62-06호				
62-07호				
62-08호				

• 엄마와 함께 공부하면서 아이가 직접 써 나가도록 지도해 주세요.

• 틀린 개수를 확인하고 왜 틀렸는지 다시 한번 내용을 확인해 주세요.

■ 다음 분수의 뺄셈을 하시오. 답은 약분하지 않아도 됩니다.

❶ $\dfrac{4}{5} - \dfrac{1}{5} =$

❷ $\dfrac{5}{6} - \dfrac{2}{6} =$

❸ $\dfrac{5}{8} - \dfrac{3}{8} =$

❹ $\dfrac{9}{10} - \dfrac{3}{10} =$

❺ $\dfrac{10}{11} - \dfrac{2}{11} =$

❻ $\dfrac{10}{12} - \dfrac{6}{12} =$

❼ $\dfrac{18}{20} - \dfrac{6}{20} =$

❽ $\dfrac{21}{22} - \dfrac{12}{22} =$

❾ $\dfrac{15}{17} - \dfrac{8}{17} =$

❿ $\dfrac{15}{19} - \dfrac{5}{19} =$

⓫ $\dfrac{20}{23} - \dfrac{14}{23} =$

⓬ $\dfrac{14}{25} - \dfrac{8}{25} =$

⓭ $\dfrac{5}{6} - \dfrac{3}{6} =$

⓮ $\dfrac{7}{9} - \dfrac{4}{9} =$

재미있게 공부 하는 문장 수학 논술 문제	5. 설탕이 봉투에 $\dfrac{4}{6}$ kg 있었습니다. 이 중에서 $\dfrac{1}{6}$ kg을 먹었습니다. 봉투에 남은 설탕은 몇 kg 일까요?

■ 다음 분수의 뺄셈을 하시오. 답은 약분하지 않아도 됩니다.

① $\dfrac{5}{7} - \dfrac{3}{7} =$ ② $\dfrac{8}{10} - \dfrac{4}{10} =$

③ $\dfrac{10}{11} - \dfrac{3}{11} =$ ④ $\dfrac{12}{13} - \dfrac{5}{13} =$

⑤ $\dfrac{17}{19} - \dfrac{12}{19} =$ ⑥ $\dfrac{9}{10} - \dfrac{4}{10} =$

⑦ $\dfrac{10}{13} - \dfrac{8}{13} =$ ⑧ $\dfrac{17}{20} - \dfrac{4}{20} =$

⑨ $\dfrac{13}{19} - \dfrac{5}{19} =$ ⑩ $\dfrac{20}{22} - \dfrac{15}{22} =$

⑪ $\dfrac{24}{25} - \dfrac{21}{25} =$ ⑫ $\dfrac{22}{23} - \dfrac{11}{23} =$

⑬ $\dfrac{7}{8} - \dfrac{6}{8} =$ ⑭ $\dfrac{10}{11} - \dfrac{5}{11} =$

식을 세워 보자! _____

정답 : (   )

■■ 다음 분수의 뺄셈을 하시오. 답은 약분하지 않아도 됩니다.

① $\dfrac{7}{8} - \dfrac{3}{8} =$

② $\dfrac{8}{10} - \dfrac{3}{10} =$

③ $\dfrac{12}{13} - \dfrac{8}{13} =$

④ $\dfrac{15}{17} - \dfrac{11}{17} =$

⑤ $\dfrac{15}{18} - \dfrac{8}{18} =$

⑥ $\dfrac{18}{20} - \dfrac{12}{20} =$

⑦ $\dfrac{20}{21} - \dfrac{6}{21} =$

⑧ $\dfrac{23}{24} - \dfrac{18}{24} =$

⑨ $\dfrac{25}{26} - \dfrac{21}{26} =$

⑩ $\dfrac{18}{20} - \dfrac{16}{20} =$

⑪ $\dfrac{21}{25} - \dfrac{18}{25} =$

⑫ $\dfrac{20}{26} - \dfrac{13}{26} =$

⑬ $\dfrac{8}{9} - \dfrac{3}{9} =$

⑭ $\dfrac{10}{11} - \dfrac{6}{11} =$

재미있게 공부
하는 문장 수학
논술 문제

6. 물통에 물이 $\dfrac{7}{5}$ 리터가 있었는데 $\dfrac{2}{5}$ 리터를 마셨습니다.
물통에 남아있는 물은 몇 리터일까요?

■ 다음 분수의 뺄셈을 하시오. 답은 약분하지 않아도 됩니다.

❶ $\dfrac{5}{7} - \dfrac{2}{7} =$　　　　　❷ $\dfrac{8}{9} - \dfrac{4}{9} =$

❸ $\dfrac{10}{11} - \dfrac{4}{11} =$　　　　　❹ $\dfrac{10}{13} - \dfrac{5}{13} =$

❺ $\dfrac{15}{17} - \dfrac{4}{17} =$　　　　　❻ $\dfrac{18}{19} - \dfrac{6}{19} =$

❼ $\dfrac{18}{20} - \dfrac{8}{20} =$　　　　　❽ $\dfrac{22}{23} - \dfrac{12}{23} =$

❾ $\dfrac{24}{25} - \dfrac{18}{25} =$　　　　　❿ $\dfrac{19}{23} - \dfrac{10}{23} =$

⓫ $\dfrac{23}{24} - \dfrac{18}{24} =$　　　　　⓬ $\dfrac{22}{25} - \dfrac{13}{25} =$

⓭ $\dfrac{7}{8} - \dfrac{4}{8} =$　　　　　⓮ $\dfrac{9}{10} - \dfrac{8}{10} =$

식을 세워 보자! _____

정답 : (　　　　　　　　)

■■ 다음 분수의 뺄셈을 하시오. 답은 약분하지 않아도 됩니다.

❶ $\dfrac{7}{8} - \dfrac{3}{8} =$ 　　　　　❷ $\dfrac{9}{10} - \dfrac{6}{10} =$

❸ $\dfrac{10}{11} - \dfrac{3}{11} =$ 　　　　❹ $\dfrac{14}{15} - \dfrac{10}{15} =$

❺ $\dfrac{14}{17} - \dfrac{11}{17} =$ 　　　　❻ $\dfrac{21}{22} - \dfrac{6}{22} =$

❼ $\dfrac{20}{24} - \dfrac{15}{24} =$ 　　　　❽ $\dfrac{19}{20} - \dfrac{14}{20} =$

❾ $\dfrac{24}{25} - \dfrac{16}{25} =$ 　　　　❿ $\dfrac{25}{27} - \dfrac{12}{27} =$

⓫ $\dfrac{21}{24} - \dfrac{16}{24} =$ 　　　　⓬ $\dfrac{24}{26} - \dfrac{13}{26} =$

⓭ $\dfrac{8}{9} - \dfrac{4}{9} =$ 　　　　　⓮ $\dfrac{10}{11} - \dfrac{6}{11} =$

재미있게 공부 하는 문장 수학 논술 문제	7. 빨간색 물감이 $\dfrac{7}{10}$ g 있습니다. 그 중에서 $\dfrac{2}{10}$ g 을 사용하였다면 빨간색 물감은 몇g 남아있을까요?

■ 다음 분수의 뺄셈을 하시오. 답은 약분하지 않아도 됩니다.

① $\dfrac{7}{8} - \dfrac{2}{8} =$ 　　② $\dfrac{7}{9} - \dfrac{3}{9} =$

③ $\dfrac{11}{12} - \dfrac{5}{12} =$ 　　④ $\dfrac{13}{15} - \dfrac{9}{15} =$

⑤ $\dfrac{14}{17} - \dfrac{9}{17} =$ 　　⑥ $\dfrac{19}{20} - \dfrac{12}{20} =$

⑦ $\dfrac{21}{22} - \dfrac{10}{22} =$ 　　⑧ $\dfrac{24}{25} - \dfrac{12}{25} =$

⑨ $\dfrac{19}{23} - \dfrac{9}{23} =$ 　　⑩ $\dfrac{21}{24} - \dfrac{13}{24} =$

⑪ $\dfrac{14}{25} - \dfrac{8}{25} =$ 　　⑫ $\dfrac{19}{26} - \dfrac{12}{26} =$

⑬ $\dfrac{6}{7} - \dfrac{3}{7} =$ 　　⑭ $\dfrac{10}{11} - \dfrac{3}{11} =$

식을 세워 보자! _____

정답 : (　　　　　)

🔲 다음 분수의 **뺄셈**을 하시오. 답은 약분하지 않아도 됩니다.

❶ $\dfrac{6}{7} - \dfrac{3}{7} =$

❷ $\dfrac{8}{9} - \dfrac{3}{9} =$

❸ $\dfrac{10}{12} - \dfrac{6}{12} =$

❹ $\dfrac{12}{13} - \dfrac{6}{13} =$

❺ $\dfrac{14}{15} - \dfrac{11}{15} =$

❻ $\dfrac{15}{17} - \dfrac{6}{17} =$

❼ $\dfrac{17}{19} - \dfrac{10}{19} =$

❽ $\dfrac{20}{21} - \dfrac{13}{21} =$

❾ $\dfrac{20}{23} - \dfrac{12}{23} =$

❿ $\dfrac{22}{25} - \dfrac{16}{25} =$

⓫ $\dfrac{25}{26} - \dfrac{19}{26} =$

⓬ $\dfrac{27}{28} - \dfrac{12}{28} =$

⓭ $\dfrac{5}{8} - \dfrac{2}{8} =$

⓮ $\dfrac{10}{11} - \dfrac{6}{11} =$

재미있게 공부 하는 문장 수학 논술 문제	8. 선물 포장을 하려고 길이 $\dfrac{40}{5}$ m의 리본 중에 $\dfrac{9}{5}$ m를 사용하였습니다. 포장하고 남은 리본은 몇 m 일까요?

■ 다음 분수의 뺄셈을 하시오. 답은 약분하지 않아도 됩니다.

❶ $\dfrac{5}{7} - \dfrac{2}{7} =$

❷ $\dfrac{8}{9} - \dfrac{3}{9} =$

❸ $\dfrac{12}{13} - \dfrac{8}{13} =$

❹ $\dfrac{13}{15} - \dfrac{9}{15} =$

❺ $\dfrac{9}{17} - \dfrac{3}{17} =$

❻ $\dfrac{15}{16} - \dfrac{11}{16} =$

❼ $\dfrac{18}{21} - \dfrac{9}{21} =$

❽ $\dfrac{18}{20} - \dfrac{4}{20} =$

❾ $\dfrac{21}{23} - \dfrac{13}{23} =$

❿ $\dfrac{23}{25} - \dfrac{16}{25} =$

⓫ $\dfrac{21}{24} - \dfrac{14}{24} =$

⓬ $\dfrac{24}{26} - \dfrac{17}{26} =$

⓭ $\dfrac{4}{5} - \dfrac{2}{5} =$

⓮ $\dfrac{9}{10} - \dfrac{4}{10} =$

식을 세워 보자! _____

정답 : (   )

■■ 다음 분수의 뺄셈을 하시오. 답은 약분하지 않아도 됩니다.

❶ $\dfrac{7}{9} - \dfrac{3}{9} =$

❷ $\dfrac{5}{8} - \dfrac{2}{8} =$

❸ $\dfrac{7}{10} - \dfrac{3}{10} =$

❹ $\dfrac{11}{13} - \dfrac{6}{13} =$

❺ $\dfrac{12}{15} - \dfrac{9}{15} =$

❻ $\dfrac{13}{14} - \dfrac{6}{14} =$

❼ $\dfrac{14}{17} - \dfrac{6}{17} =$

❽ $\dfrac{20}{21} - \dfrac{16}{21} =$

❾ $\dfrac{17}{23} - \dfrac{10}{23} =$

❿ $\dfrac{21}{23} - \dfrac{8}{23} =$

⓫ $\dfrac{22}{24} - \dfrac{10}{24} =$

⓬ $\dfrac{23}{25} - \dfrac{17}{25} =$

⓭ $\dfrac{6}{7} - \dfrac{3}{7} =$

⓮ $\dfrac{9}{10} - \dfrac{2}{10} =$

⑮ $\dfrac{3}{5} - \dfrac{2}{5} =$

⑯ $\dfrac{10}{12} - \dfrac{6}{12} =$

⑰ $\dfrac{14}{15} - \dfrac{3}{15} =$

⑱ $\dfrac{13}{16} - \dfrac{3}{16} =$

⑲ $\dfrac{15}{18} - \dfrac{6}{18} =$

⑳ $\dfrac{19}{22} - \dfrac{8}{22} =$

테스트 결과표

성취도 테스트 문제는 앞 장의 공부가 끝나고 얼마나 정확하고 빠르게 습득했는지를 알아보기 위한 확인과정의 테스트입니다.
아이가 무엇을 이해 못하는지 어느 부분에서 실수를 하는지 보완하고 잡아주기 위한 자료로 활용하시면 아이에게 큰 도움이 될 것입니다.

정답수	20문제	18문제	16문제	16문제 이하
성취도	**아주 잘함**	**잘함**	**보통**	**부족함**

※ 정답은 뒷장에 있습니다.

63단계 지·도·내·용

가분수를 대분수로 고치기

지도 내용

가분수를 대분수로 고치는 방법은 분자에서 분모의 배수만큼 빼서 자연수로 고친 다음, 자연수+진분수의 형태가 되는 것입니다.

'가분수'는 자연수 분자 분의 분모의 형태인 '대분수'로 고칠 수 있습니다.

$\frac{7}{5}$ 은 $\frac{5}{5}$=1이 하나 있고 $\frac{2}{5}$가 더 있으므로 1과 $\frac{2}{5}$로 나뉘게 됩니다.

$\frac{16}{3}$ 은 $\frac{3}{3}$×5= $\frac{15}{5}$=5가 있고 $\frac{1}{3}$이 더 있으므로 $5\frac{1}{3}$이 됩니다.

- 진분수라는 것은 $\frac{2}{4}$ 와 $\frac{1}{5}$ 처럼 분자가 분모보다 작은 분수를 말합니다.

- 가분수는 분자가 분모와 같거나 큰 분수를 말합니다.

  $\frac{3}{3}$, $\frac{4}{3}$, $\frac{6}{4}$ ……

- 대분수는 자연수와 진분수의 합으로 나타낸 분수를 말합니다.

  $1\frac{1}{2}$, $2\frac{2}{3}$, $4\frac{3}{4}$ ……

62단계 성취도문제 정답										
❶ $\frac{4}{9}$	❷ $\frac{3}{8}$	❸ $\frac{4}{10}$	❹ $\frac{5}{13}$	❺ $\frac{3}{15}$	❻ $\frac{7}{14}$	❼ $\frac{8}{17}$	❽ $\frac{4}{21}$	❾ $\frac{7}{23}$	❿ $\frac{13}{23}$
⓫ $\frac{12}{24}$	⓬ $\frac{6}{25}$	⓭ $\frac{3}{7}$	⓮ $\frac{7}{10}$	⓯ $\frac{1}{5}$	⓰ $\frac{4}{12}$	⓱ $\frac{11}{15}$	⓲ $\frac{10}{16}$	⓳ $\frac{9}{18}$	⓴ $\frac{11}{22}$

62단계 문장 수학 논술 문제 정답

5.식 $\frac{4}{6}$ - $\frac{1}{6}$ 답 $\frac{3}{6}$ = $\frac{1}{2}$

6.식 $\frac{7}{5}$ - $\frac{2}{5}$ 답 $\frac{5}{5}$ = 1

7.식 $\frac{7}{10}$ - $\frac{2}{10}$ 답 $\frac{5}{10}$ = $\frac{1}{2}$

8.식 $\frac{40}{5}$ - $\frac{9}{5}$ 답 $\frac{31}{5}$ = $6\frac{1}{5}$

가분수를 대분수로 고치기

63단계

기 | 초 | 편

● 학습 일정 관리표 ●

	정답수	오답수	공부한 날	확 인
63-01호				
63-02호				
63-03호				
63-04호				
63-05호				
63-06호				
63-07호				
63-08호				

• 엄마와 함께 공부하면서 아이가 직접 써 나가도록 지도해 주세요.

• 틀린 개수를 확인하고 왜 틀렸는지 다시 한번 내용을 확인해 주세요.

■ 다음 분수를 대분수로 고치시오. 답은 약분하지 않아도 됩니다.

❶ $\dfrac{70}{8} =$

❷ $\dfrac{34}{9} =$

❸ $\dfrac{47}{10} =$

❹ $2\dfrac{32}{9} =$

❺ $\dfrac{41}{3} =$

❻ $\dfrac{25}{4} =$

❼ $\dfrac{32}{7} =$

❽ $\dfrac{50}{9} =$

❾ $\dfrac{26}{8} =$

❿ $\dfrac{27}{5} =$

⓫ $3\dfrac{16}{7} =$

⓬ $4\dfrac{19}{8} =$

⓭ $2\dfrac{34}{5} =$

⓮ $7\dfrac{59}{13} =$

재미있게 공부 하는 문장 수학 논술 문제	9. 예린이가 먹은 파이는 $\dfrac{12}{4}$ 조각이고, 예준이가 먹은 파이는 $\dfrac{14}{4}$ 조 각입니다. 둘이 먹은 파이의 합은 얼마일까요?

■ 다음 분수를 대분수로 고치시오. 답은 약분하지 않아도 됩니다.

❶ $4\dfrac{20}{6} =$ ❷ $5\dfrac{13}{11} =$

❸ $2\dfrac{16}{13} =$ ❹ $7\dfrac{11}{9} =$

❺ $\dfrac{26}{5} =$ ❻ $\dfrac{56}{8} =$

❼ $\dfrac{80}{7} =$ ❽ $\dfrac{33}{9} =$

❾ $\dfrac{50}{4} =$ ❿ $\dfrac{90}{7} =$

⓫ $3\dfrac{13}{4} =$ ⓬ $5\dfrac{19}{7} =$

⓭ $3\dfrac{13}{5} =$ ⓮ $2\dfrac{15}{13} =$

식을 세워 보자! _____

정답 : (   )

■ 다음 분수를 대분수로 고치시오. 답은 약분하지 않아도 됩니다.

❶ $\dfrac{42}{3} =$

❷ $\dfrac{59}{6} =$

❸ $\dfrac{39}{4} =$

❹ $\dfrac{35}{6} =$

❺ $2\dfrac{16}{7} =$

❻ $3\dfrac{11}{8} =$

❼ $1\dfrac{14}{11} =$

❽ $2\dfrac{29}{17} =$

❾ $4\dfrac{17}{13} =$

❿ $3\dfrac{27}{15} =$

⓫ $\dfrac{28}{4} =$

⓬ $\dfrac{30}{7} =$

⓭ $\dfrac{50}{2} =$

⓮ $\dfrac{15}{8} =$

재미있게 공부 하는 문장 수학 논술 문제

10. 유진이 엄마는 어제 고기를 $\dfrac{16}{4}$ kg 사고, 오늘은 $\dfrac{3}{4}$ kg을 샀습니다. 어제는 오늘보다 몇 kg의 고기를 더 샀을까요?

다음 분수를 대분수로 고치시오. 답은 약분하지 않아도 됩니다.

① $7\dfrac{13}{12} =$ ② $\dfrac{10}{4} =$

③ $\dfrac{49}{9} =$ ④ $5\dfrac{9}{2} =$

⑤ $2\dfrac{29}{4} =$ ⑥ $3\dfrac{18}{5} =$

⑦ $2\dfrac{14}{12} =$ ⑧ $3\dfrac{29}{17} =$

⑨ $5\dfrac{30}{21} =$ ⑩ $\dfrac{31}{4} =$

⑪ $\dfrac{28}{2} =$ ⑫ $\dfrac{72}{5} =$

⑬ $\dfrac{41}{9} =$ ⑭ $2\dfrac{11}{4} =$

식을 세워 보자! _____

정답 : (   )

■ 다음 분수를 대분수로 고치시오. 답은 약분하지 않아도 됩니다.

❶ $\dfrac{27}{3} =$

❷ $\dfrac{32}{9} =$

❸ $\dfrac{44}{7} =$

❹ $3\dfrac{7}{2} =$

❺ $2\dfrac{50}{3} =$

❻ $4\dfrac{13}{7} =$

❼ $5\dfrac{12}{6} =$

❽ $2\dfrac{13}{5} =$

❾ $3\dfrac{11}{7} =$

❿ $1\dfrac{11}{8} =$

⓫ $2\dfrac{20}{11} =$

⓬ $3\dfrac{38}{9} =$

⓭ $2\dfrac{26}{13} =$

⓮ $\dfrac{13}{5} =$

재미있게 공부 하는 문장 수학 논술 문제	11. 수진이는 체리 $\dfrac{27}{9}$ kg중에서 $\dfrac{2}{9}$ kg을 먹었습니다. 남은 체리는 몇 kg 일까요?

■ 다음 분수를 대분수로 고치시오. 답은 약분하지 않아도 됩니다.

❶ $\dfrac{63}{3}$ =

❷ $\dfrac{49}{9}$ =

❸ $\dfrac{55}{9}$ =

❹ $5\dfrac{16}{14}$ =

❺ $2\dfrac{14}{7}$ =

❻ $3\dfrac{24}{17}$ =

❼ $8\dfrac{20}{4}$ =

❽ $2\dfrac{19}{17}$ =

❾ $5\dfrac{26}{23}$ =

❿ $\dfrac{14}{3}$ =

⓫ $\dfrac{17}{5}$ =

⓬ $\dfrac{52}{9}$ =

⓭ $\dfrac{75}{7}$ =

⓮ $\dfrac{23}{11}$ =

식을 세워 보자! _____

정답 : (   )

다음 분수를 대분수로 고치시오. 답은 약분하지 않아도 됩니다.

❶ $\dfrac{21}{11} =$

❷ $2\dfrac{11}{4} =$

❸ $3\dfrac{11}{7} =$

❹ $2\dfrac{28}{13} =$

❺ $4\dfrac{39}{15} =$

❻ $\dfrac{19}{7} =$

❼ $\dfrac{12}{9} =$

❽ $3\dfrac{21}{17} =$

❾ $1\dfrac{16}{14} =$

❿ $2\dfrac{29}{24} =$

⓫ $\dfrac{24}{3} =$

⓬ $\dfrac{53}{7} =$

⓭ $\dfrac{61}{8} =$

⓮ $\dfrac{71}{3} =$

재미있게 공부 하는 문장 수학 논술 문제	12. 길이가 $\dfrac{21}{7}$ m 인 리본을 $\dfrac{3}{7}$ m 를 잘라서 리본공예를 하였습니다. 쓰고 남은 리본은 몇 m 일까요?

■■ 다음 분수를 대분수로 고치시오. 답은 약분하지 않아도 됩니다.

❶ $\dfrac{37}{6} =$

❷ $2\dfrac{14}{9} =$

❸ $\dfrac{28}{3} =$

❹ $2\dfrac{33}{17} =$

❺ $5\dfrac{27}{19} =$

❻ $\dfrac{14}{4} =$

❼ $4\dfrac{18}{9} =$

❽ $5\dfrac{16}{13} =$

❾ $2\dfrac{22}{19} =$

❿ $\dfrac{19}{5} =$

⓫ $\dfrac{28}{9} =$

⓬ $\dfrac{33}{7} =$

⓭ $\dfrac{46}{3} =$

⓮ $\dfrac{23}{8} =$

식을 세워 보재! _____

정답 : (   )

■ 다음 분수를 대분수로 고치시오. 답은 약분하지 않아도 됩니다.

❶ $\dfrac{32}{4} =$

❷ $\dfrac{25}{7} =$

❸ $\dfrac{13}{5} =$

❹ $\dfrac{79}{3} =$

❺ $\dfrac{51}{9} =$

❻ $1\dfrac{15}{12} =$

❼ $2\dfrac{26}{17} =$

❽ $7\dfrac{7}{5} =$

❾ $3\dfrac{24}{8} =$

❿ $5\dfrac{51}{9} =$

⓫ $6\dfrac{32}{17} =$

⓬ $2\dfrac{30}{25} =$

⓭ $\dfrac{20}{3} =$

⓮ $\dfrac{24}{7} =$

⑮ $\dfrac{19}{5}$ =

⑯ $\dfrac{27}{6}$ =

⑰ $\dfrac{48}{9}$ =

⑱ $1\dfrac{17}{8}$ =

⑲ $\dfrac{7}{3}$ =

⑳ $7\dfrac{13}{4}$ =

테스트 결과표

성취도 테스트 문제는 앞 장의 공부가 끝나고 얼마나 정확하고 빠르게 습득했는지를 알아보기 위한 확인과정의 테스트입니다.

아이가 무엇을 이해 못하는지 어느 부분에서 실수를 하는지 보완하고 잡아주기 위한 자료로 활용하시면 아이에게 큰 도움이 될 것입니다.

정답수	20문제	18문제	16문제	16문제 이하
성취도	아주 잘함	잘함	보통	부족함

※ 정답은 뒷장에 있습니다.

64단계 지·도·내·용

분모가 같은 분수의 덧셈 (2)

지도 내용 가분수에서 대분수로 고칠 때, 분자에서 분모의 배수만큼 빼서 자연수로 바꾸는 것입니다.

분모가 같은 분수끼리 더하여 그 결과 값이 가분수가 나오는 경우, 대분수로 고쳐 답을 적는 방법을 공부합니다.

⊙ 진분수 + 진분수

$$\frac{3}{4} + \frac{2}{4} = 1\frac{1}{4} , \qquad \frac{5}{5} + \frac{3}{5} = 1\frac{3}{5}$$

진분수와 진분수를 더하여 가분수의 값이 나온 경우, 분자에서 분모의 배수만큼을 빼서 자연수로 바꾸어 대분수로 고칩니다.

분모가 같은 분수의 덧셈 (2)

64단계

기 | 초 | 편

64단계 종합 성적

참 잘했어요!	잘했어요!	열심히 했어요!

틀린 개수 0~2개	틀린 개수 3~5개	틀린 개수 6개 이상

● 학습 일정 관리표 ●

	정답수	오답수	공부한 날	확 인
64-01호				
64-02호				
64-03호				
64-04호				
64-05호				
64-06호				
64-07호				
64-08호				

- 엄마와 함께 공부하면서 아이가 직접 써 나가도록 지도해 주세요.
- 틀린 개수를 확인하고 왜 틀렸는지 다시 한번 내용을 확인해 주세요.

■ 다음 분수를 덧셈하여 대분수로 고치시오. 답은 약분하지 않아도 됩니다.

❶ $\dfrac{3}{5} + \dfrac{3}{5} =$ 　　　　❷ $\dfrac{7}{9} + \dfrac{7}{9} =$

❸ $\dfrac{10}{11} + \dfrac{9}{11} =$ 　　　　❹ $\dfrac{11}{13} + \dfrac{13}{13} =$

❺ $\dfrac{10}{15} + \dfrac{11}{15} =$ 　　　　❻ $\dfrac{17}{19} + \dfrac{17}{19} =$

❼ $\dfrac{18}{23} + \dfrac{20}{23} =$ 　　　　❽ $\dfrac{21}{25} + \dfrac{22}{25} =$

❾ $\dfrac{23}{26} + \dfrac{23}{26} =$ 　　　　❿ $\dfrac{22}{27} + \dfrac{24}{27} =$

⓫ $\dfrac{5}{7} + \dfrac{7}{7} =$ 　　　　⓬ $\dfrac{8}{10} + \dfrac{8}{10} =$

⓭ $\dfrac{13}{15} + \dfrac{15}{15} =$ 　　　　⓮ $\dfrac{8}{17} + \dfrac{14}{17} =$

| 재미있게 공부 하는 문장 수학 논술 문제 | 13. 영희네 꽃밭에는 $\dfrac{5}{8}$ 만큼 장미를 심고, 지수네 꽃밭에는 $\dfrac{4}{8}$ 만큼 해바라기를 심었습니다. 영희와 지수가 각자 꽃밭에 심은 장미와 해바라기의 합은 얼마입니까? |

■ 다음 분수를 덧셈하여 대분수로 고치시오. 답은 약분하지 않아도 됩니다.

① $\dfrac{2}{4} + \dfrac{4}{4} =$　　　　　② $\dfrac{1}{12} + \dfrac{12}{12} =$

③ $\dfrac{12}{15} + \dfrac{5}{15} =$　　　　④ $\dfrac{15}{17} + \dfrac{15}{17} =$

⑤ $\dfrac{18}{21} + \dfrac{20}{21} =$　　　⑥ $\dfrac{21}{25} + \dfrac{22}{25} =$

⑦ $\dfrac{18}{24} + \dfrac{20}{24} =$　　　⑧ $\dfrac{25}{27} + \dfrac{18}{27} =$

⑨ $\dfrac{21}{28} + \dfrac{26}{28} =$　　　⑩ $\dfrac{25}{29} + \dfrac{25}{29} =$

⑪ $\dfrac{5}{6} + \dfrac{4}{6} =$　　　　　⑫ $\dfrac{7}{9} + \dfrac{7}{9} =$

⑬ $\dfrac{5}{12} + \dfrac{7}{12} =$　　　　⑭ $\dfrac{11}{15} + \dfrac{13}{15} =$

식을 세워 보자! _____

정답 : (　　　　　　　　)

■ 다음 분수를 덧셈하여 대분수로 고치시오. 답은 약분하지 않아도 됩니다.

❶ $\dfrac{3}{7} + \dfrac{5}{7} =$

❷ $\dfrac{5}{9} + \dfrac{6}{9} =$

❸ $\dfrac{5}{13} + \dfrac{10}{13} =$

❹ $\dfrac{11}{15} + \dfrac{17}{15} =$

❺ $\dfrac{9}{17} + \dfrac{15}{17} =$

❻ $\dfrac{11}{18} + \dfrac{12}{18} =$

❼ $\dfrac{15}{23} + \dfrac{16}{23} =$

❽ $\dfrac{22}{25} + \dfrac{23}{25} =$

❾ $\dfrac{25}{27} + \dfrac{24}{27} =$

❿ $\dfrac{23}{28} + \dfrac{26}{28} =$

⓫ $\dfrac{4}{8} + \dfrac{6}{8} =$

⓬ $\dfrac{9}{11} + \dfrac{9}{11} =$

⓭ $\dfrac{12}{14} + \dfrac{9}{14} =$

⓮ $\dfrac{13}{16} + \dfrac{14}{16} =$

재미있게 공부 하는 문장 수학 논술 문제	14. 예은이는 동화책 한 권을 어제는 전체의 $\dfrac{5}{10}$ 권을 읽었고, 오늘은 다른 동화책을 전체의 $\dfrac{8}{10}$ 권을 읽었습니다. 예은이가 어제와 오늘 읽은 동화책은 모두 얼마입니까?

■ 다음 분수를 덧셈하여 대분수로 고치시오. 답은 약분하지 않아도 됩니다.

❶ $\dfrac{7}{8} + \dfrac{7}{8} =$ 　　　　 ❷ $\dfrac{7}{10} + \dfrac{9}{10} =$

❸ $\dfrac{12}{14} + \dfrac{13}{14} =$ 　　　　 ❹ $\dfrac{15}{16} + \dfrac{14}{16} =$

❺ $\dfrac{13}{19} + \dfrac{16}{19} =$ 　　　　 ❻ $\dfrac{19}{23} + \dfrac{20}{23} =$

❼ $\dfrac{22}{24} + \dfrac{18}{24} =$ 　　　　 ❽ $\dfrac{23}{26} + \dfrac{18}{26} =$

❾ $\dfrac{23}{25} + \dfrac{25}{25} =$ 　　　　 ❿ $\dfrac{25}{28} + \dfrac{23}{28} =$

⓫ $\dfrac{5}{9} + \dfrac{7}{9} =$ 　　　　 ⓬ $\dfrac{5}{12} + \dfrac{8}{12} =$

⓭ $\dfrac{12}{15} + \dfrac{13}{15} =$ 　　　　 ⓮ $\dfrac{15}{23} + \dfrac{8}{23} =$

식을 세워 보자! _____

정답 : (　　　　　　　　)

■ 다음 분수를 덧셈하여 대분수로 고치시오. 답은 약분하지 않아도 됩니다.

① $\dfrac{6}{8} + \dfrac{4}{8} =$

② $\dfrac{8}{11} + \dfrac{8}{11} =$

③ $\dfrac{9}{13} + \dfrac{9}{13} =$

④ $\dfrac{12}{15} + \dfrac{12}{15} =$

⑤ $\dfrac{15}{19} + \dfrac{17}{19} =$

⑥ $\dfrac{20}{23} + \dfrac{20}{23} =$

⑦ $\dfrac{23}{25} + \dfrac{16}{25} =$

⑧ $\dfrac{24}{26} + \dfrac{24}{26} =$

⑨ $\dfrac{23}{28} + \dfrac{26}{28} =$

⑩ $\dfrac{23}{25} + \dfrac{24}{25} =$

⑪ $\dfrac{4}{9} + \dfrac{7}{9} =$

⑫ $\dfrac{12}{14} + \dfrac{10}{14} =$

⑬ $\dfrac{12}{15} + \dfrac{12}{15} =$

⑭ $\dfrac{15}{18} + \dfrac{13}{18} =$

재미있게 공부하는 문장 수학 논술 문제

15. 박스를 포장하는데 빨간색 끈 $\dfrac{15}{17}$m 와 파란색 끈 $\dfrac{16}{17}$m 를 사용하였습니다. 사용한 리본은 모두 몇 m 일까요?

■ 다음 분수를 덧셈하여 대분수로 고치시오. 답은 약분하지 않아도 됩니다.

❶ $\dfrac{7}{10} + \dfrac{7}{10} =$

❷ $\dfrac{10}{12} + \dfrac{10}{12} =$

❸ $\dfrac{11}{13} + \dfrac{11}{13} =$

❹ $\dfrac{14}{17} + \dfrac{15}{17} =$

❺ $\dfrac{7}{18} + \dfrac{12}{18} =$

❻ $\dfrac{20}{23} + \dfrac{16}{23} =$

❼ $\dfrac{18}{25} + \dfrac{20}{25} =$

❽ $\dfrac{23}{27} + \dfrac{14}{27} =$

❾ $\dfrac{22}{28} + \dfrac{26}{28} =$

❿ $\dfrac{25}{29} + \dfrac{25}{29} =$

⓫ $\dfrac{7}{9} + \dfrac{6}{9} =$

⓬ $\dfrac{10}{11} + \dfrac{9}{11} =$

⓭ $\dfrac{11}{15} + \dfrac{12}{15} =$

⓮ $\dfrac{13}{16} + \dfrac{7}{16} =$

식을 세워 보자! _____

정답 : (   )

■ 다음 분수를 덧셈하여 대분수로 고치시오. 답은 약분하지 않아도 됩니다.

❶ $\dfrac{4}{5} + \dfrac{3}{5} =$ ❷ $\dfrac{7}{9} + \dfrac{6}{9} =$

❸ $\dfrac{12}{13} + \dfrac{10}{13} =$ ❹ $\dfrac{12}{15} + \dfrac{13}{15} =$

❺ $\dfrac{15}{17} + \dfrac{14}{17} =$ ❻ $\dfrac{13}{23} + \dfrac{13}{23} =$

❼ $\dfrac{21}{25} + \dfrac{21}{25} =$ ❽ $\dfrac{25}{27} + \dfrac{24}{27} =$

❾ $\dfrac{23}{25} + \dfrac{22}{25} =$ ❿ $\dfrac{24}{26} + \dfrac{23}{26} =$

⓫ $\dfrac{5}{6} + \dfrac{2}{6} =$ ⓬ $\dfrac{10}{11} + \dfrac{10}{11} =$

⓭ $\dfrac{12}{15} + \dfrac{12}{15} =$ ⓮ $\dfrac{15}{18} + \dfrac{12}{18} =$

재미있게 공부 하는 문장 수학 논술 문제	16. 지현이는 아침에 흰우유를 $\dfrac{21}{25}$ 리터 마시고, 저녁에는 딸기우유를 $\dfrac{24}{25}$ 리터를 마셨습니다. 지현이가 오늘 마신 우유는 모두 몇 리터일까요?

■ 다음 분수를 덧셈하여 대분수로 고치시오. 답은 약분하지 않아도 됩니다.

❶ $\dfrac{5}{9} + \dfrac{6}{9} =$

❷ $\dfrac{11}{13} + \dfrac{9}{13} =$

❸ $\dfrac{10}{15} + \dfrac{9}{15} =$

❹ $\dfrac{14}{19} + \dfrac{12}{19} =$

❺ $\dfrac{21}{24} + \dfrac{21}{24} =$

❻ $\dfrac{23}{27} + \dfrac{13}{27} =$

❼ $\dfrac{21}{25} + \dfrac{19}{25} =$

❽ $\dfrac{24}{28} + \dfrac{14}{28} =$

❾ $\dfrac{24}{28} + \dfrac{24}{28} =$

❿ $\dfrac{24}{27} + \dfrac{24}{27} =$

⓫ $\dfrac{5}{8} + \dfrac{6}{8} =$

⓬ $\dfrac{10}{12} + \dfrac{10}{12} =$

⓭ $\dfrac{13}{16} + \dfrac{13}{16} =$

⓮ $\dfrac{15}{18} + \dfrac{6}{18} =$

식을 세워 보자! _____

정답 : (   )

■ 다음 분수를 덧셈하여 대분수로 고치시오. 답은 약분하지 않아도 됩니다.

❶ $\dfrac{3}{8} + \dfrac{6}{8} =$ 　　　　❷ $\dfrac{7}{10} + \dfrac{9}{10} =$

❸ $\dfrac{13}{15} + \dfrac{10}{15} =$ 　　　❹ $\dfrac{12}{16} + \dfrac{12}{16} =$

❺ $\dfrac{17}{19} + \dfrac{12}{19} =$ 　　　❻ $\dfrac{19}{21} + \dfrac{19}{21} =$

❼ $\dfrac{21}{24} + \dfrac{22}{24} =$ 　　　❽ $\dfrac{20}{27} + \dfrac{16}{27} =$

❾ $\dfrac{24}{25} + \dfrac{21}{25} =$ 　　　❿ $\dfrac{23}{24} + \dfrac{21}{24} =$

⓫ $\dfrac{4}{7} + \dfrac{7}{7} =$ 　　　　⓬ $\dfrac{8}{12} + \dfrac{8}{12} =$

⓭ $\dfrac{12}{14} + \dfrac{10}{14} =$ 　　　⓮ $\dfrac{15}{18} + \dfrac{16}{18} =$

⑮ $\dfrac{16}{20} + \dfrac{16}{20} =$

⑯ $\dfrac{19}{23} + \dfrac{20}{23} =$

⑰ $\dfrac{21}{25} + \dfrac{23}{25} =$

⑱ $\dfrac{24}{28} + \dfrac{24}{28} =$

⑲ $\dfrac{23}{28} + \dfrac{25}{28} =$

⑳ $\dfrac{23}{29} + \dfrac{25}{29} =$

테스트 결과표

성취도 테스트 문제는 앞 장의 공부가 끝나고 얼마나 정확하고 빠르게 습득했는지를 알아보기 위한 확인과정의 테스트입니다.
아이가 무엇을 이해 못하는지 어느 부분에서 실수를 하는지 보완하고 잡아주기 위한 자료로 활용하시면 아이에게 큰 도움이 될 것입니다.

정답수	20문제	18문제	16문제	16문제 이하
성취도	아주 잘함	잘함	보통	부족함

※ 정답은 뒷장에 있습니다.

분모가 같은 분수의 뺄셈 (2)

지도 내용

자연수를 분수로 고칠 때, 자연수에서 1만을 가져와 분수의 형태로 고치는 것에 주의하여 지도해 주세요.

대분수를 가분수로 고치는 방법을 이용하여 분수의 뺄셈을 합니다.

⊙ **자연수 – 진분수**

$$3 - \frac{3}{5} = 2\frac{5}{5} - \frac{3}{5} = 2\frac{2}{5}$$

① 자연수에서 1만을 가져와 대분수의 형태로 고칩니다.

$3 = 2\frac{5}{5}$

② 분수끼리 뺄셈을 하고 자연수 부분을 더합니다.

$(\frac{5}{5} - \frac{3}{5}) + 2 = 2\frac{2}{5}$

자연수와 진분수의 뺄셈은 자연수에서 1만을 가져와 분수로 고친 후, 진분수와 뺄셈을 하여 자연수 부분을 더합니다.

64단계 성취도문제 정답										
❶ $1\frac{1}{8}$	❷ $1\frac{6}{10}$	❸ $1\frac{8}{15}$	❹ $1\frac{8}{16}$	❺ $1\frac{10}{19}$	❻ $1\frac{17}{21}$	❼ $1\frac{19}{24}$	❽ $1\frac{9}{27}$	❾ $1\frac{20}{25}$	❿ $1\frac{20}{24}$
⓫ $1\frac{4}{7}$	⓬ $1\frac{4}{12}$	⓭ $1\frac{8}{14}$	⓮ $1\frac{13}{18}$	⓯ $1\frac{12}{20}$	⓰ $1\frac{16}{23}$	⓱ $1\frac{19}{25}$	⓲ $1\frac{20}{28}$	⓳ $1\frac{20}{28}$	⓴ $1\frac{19}{29}$

64단계 문장 수학 논술 문제 정답

13. 식 $\frac{5}{8} + \frac{4}{8}$ 답 $\frac{9}{8} = 1\frac{1}{8}$

14. 식 $\frac{5}{10} + \frac{8}{10}$ 답 $\frac{13}{10} = 1\frac{3}{10}$

15. 식 $\frac{15}{17} + \frac{16}{17}$ 답 $\frac{31}{17} = 1\frac{14}{17}$

16. 식 $\frac{21}{25} + \frac{24}{25} = \frac{45}{25}$ 답 $1\frac{20}{25} = 1\frac{4}{5}$

분모가 같은 분수의 뺄셈 (2)

65단계 기 | 초 | 편

65단계 종합 성적

참 잘했어요!	잘했어요!	열심히 했어요!
틀린 개수 0~2개	틀린 개수 3~5개	틀린 개수 6개 이상

● 학습 일정 관리표 ●

	정답수	오답수	공부한 날	확 인
65-01호				
65-02호				
65-03호				
65-04호				
65-05호				
65-06호				
65-07호				
65-08호				

• 엄마와 함께 공부하면서 아이가 직접 써 나가도록 지도해 주세요.
• 틀린 개수를 확인하고 왜 틀렸는지 다시 한번 내용을 확인해 주세요.

■ 다음 분수의 뺄셈을 하시오. 답은 약분하지 않아도 됩니다.

❶ $\dfrac{4}{5} - \dfrac{2}{5} =$

❷ $\dfrac{12}{13} - \dfrac{5}{13} =$

❸ $5 - \dfrac{4}{5} =$

❹ $5 - \dfrac{2}{7} =$

❺ $4 - \dfrac{5}{9} =$

❻ $3 - \dfrac{7}{8} =$

❼ $2 - \dfrac{7}{10} =$

❽ $4 - \dfrac{10}{12} =$

❾ $3 - \dfrac{9}{15} =$

❿ $2 - \dfrac{12}{17} =$

⓫ $\dfrac{3}{6} - \dfrac{1}{6} =$

⓬ $\dfrac{12}{15} - \dfrac{4}{15} =$

⓭ $3 - \dfrac{3}{5} =$

⓮ $6 - \dfrac{2}{6} =$

| 재미있게 공부 하는 문장 수학 논술 문제 | 17. 민지는 집에서 피아노학원까지 $\dfrac{7}{6}$ 시간이 걸리고, 집에서 미술학원까지 $\dfrac{5}{6}$ 시간이 걸립니다. 집에서 피아노학원까지 가는 것은 집에서 미술학원까지 가는 것보다 몇 시간이 더 걸립니까? |

다음 분수의 뺄셈을 하시오. 답은 약분하지 않아도 됩니다.

❶ $\dfrac{8}{7} - \dfrac{3}{7} =$

❷ $\dfrac{10}{12} - \dfrac{7}{12} =$

❸ $4 - \dfrac{2}{4} =$

❹ $3 - \dfrac{2}{7} =$

❺ $2 - \dfrac{1}{9} =$

❻ $3 - \dfrac{5}{8} =$

❼ $4 - \dfrac{7}{10} =$

❽ $3 - \dfrac{12}{15} =$

❾ $4 - \dfrac{15}{17} =$

❿ $2 - \dfrac{13}{24} =$

⓫ $\dfrac{7}{9} - \dfrac{4}{9} =$

⓬ $\dfrac{7}{11} - \dfrac{3}{11} =$

⓭ $3 - \dfrac{3}{5} =$

⓮ $2 - \dfrac{5}{8} =$

식을 세워 보자! _____

정답 : (   )

■■ 다음 분수의 뺄셈을 하시오. 답은 약분하지 않아도 됩니다.

❶ $\dfrac{6}{7} - \dfrac{3}{7} =$

❷ $\dfrac{13}{15} - \dfrac{9}{15} =$

❸ $4 - \dfrac{2}{5} =$

❹ $4 - \dfrac{2}{9} =$

❺ $2 - \dfrac{4}{7} =$

❻ $3 - \dfrac{4}{9} =$

❼ $4 - \dfrac{10}{12} =$

❽ $3 - \dfrac{12}{15} =$

❾ $2 - \dfrac{12}{18} =$

❿ $3 - \dfrac{23}{25} =$

⓫ $\dfrac{5}{8} - \dfrac{4}{8} =$

⓬ $\dfrac{15}{17} - \dfrac{3}{17} =$

⓭ $5 - \dfrac{3}{9} =$

⓮ $3 - \dfrac{4}{8} =$

재미있게 공부 하는 문장 수학 논술 문제	18. 길이가 $\dfrac{17}{7}$ m 인 끈을 $\dfrac{3}{7}$ m 를 잘라 사용하였습니다. 사용하고 남은 끈의 길이는 얼마일까요?

■ 다음 분수의 뺄셈을 하시오. 답은 약분하지 않아도 됩니다.

① $\dfrac{5}{6} - \dfrac{3}{6} =$

② $\dfrac{13}{15} - \dfrac{6}{15} =$

③ $5 - \dfrac{5}{6} =$

④ $3 - \dfrac{3}{7} =$

⑤ $7 - \dfrac{5}{9} =$

⑥ $3 - \dfrac{7}{10} =$

⑦ $4 - \dfrac{7}{13} =$

⑧ $3 - \dfrac{13}{15} =$

⑨ $2 - \dfrac{14}{17} =$

⑩ $3 - \dfrac{19}{23} =$

⑪ $\dfrac{7}{8} - \dfrac{3}{8} =$

⑫ $\dfrac{11}{13} - \dfrac{5}{13} =$

⑬ $3 - \dfrac{5}{8} =$

⑭ $4 - \dfrac{2}{9} =$

식을 세워 보자! _____

정답 : (   )

■ 다음 분수의 뺄셈을 하시오. 답은 약분하지 않아도 됩니다.

❶ $\dfrac{6}{7} - \dfrac{3}{7} =$

❷ $\dfrac{12}{13} - \dfrac{9}{13} =$

❸ $4 - \dfrac{2}{4} =$

❹ $5 - \dfrac{5}{8} =$

❺ $6 - \dfrac{1}{2} =$

❻ $3 - \dfrac{4}{9} =$

❼ $4 - \dfrac{10}{11} =$

❽ $3 - \dfrac{7}{13} =$

❾ $4 - \dfrac{13}{15} =$

❿ $3 - \dfrac{21}{23} =$

⓫ $\dfrac{7}{8} - \dfrac{4}{8} =$

⓬ $\dfrac{13}{15} - \dfrac{8}{15} =$

⓭ $3 - \dfrac{2}{3} =$

⓮ $4 - \dfrac{6}{7} =$

| 재미있게 공부 하는 문장 수학 논술 문제 | 19. 예린이 집에서 도서관까지는 $\dfrac{7}{5}$ 시간이 걸립니다. 중간에 있는 서점에서 도서관까지는 $\dfrac{2}{5}$ 시간이 걸립니다. 그러면 예린이 집에서 서점까지 걸리는 시간은 얼마일까요? |

■ 다음 분수의 뺄셈을 하시오. 답은 약분하지 않아도 됩니다.

❶ $\dfrac{8}{9} - \dfrac{4}{9} =$

❷ $\dfrac{14}{15} - \dfrac{11}{15} =$

❸ $3 - \dfrac{4}{8} =$

❹ $4 - \dfrac{2}{9} =$

❺ $3 - \dfrac{5}{7} =$

❻ $4 - \dfrac{8}{12} =$

❼ $3 - \dfrac{11}{15} =$

❽ $4 - \dfrac{17}{19} =$

❾ $3 - \dfrac{20}{23} =$

❿ $5 - \dfrac{25}{27} =$

⓫ $\dfrac{8}{10} - \dfrac{6}{10} =$

⓬ $\dfrac{15}{17} - \dfrac{9}{17} =$

⓭ $3 - \dfrac{4}{9} =$

⓮ $4 - \dfrac{5}{8} =$

식을 세워 보자! _____

정답 : (   )

■ 다음 분수의 뺄셈을 하시오. 답은 약분하지 않아도 됩니다.

① $\dfrac{7}{8} - \dfrac{2}{8} =$

② $\dfrac{15}{16} - \dfrac{10}{16} =$

③ $4 - \dfrac{2}{5} =$

④ $3 - \dfrac{5}{8} =$

⑤ $5 - \dfrac{3}{7} =$

⑥ $3 - \dfrac{2}{12} =$

⑦ $4 - \dfrac{11}{14} =$

⑧ $3 - \dfrac{13}{15} =$

⑨ $4 - \dfrac{21}{24} =$

⑩ $5 - \dfrac{10}{27} =$

⑪ $\dfrac{5}{7} - \dfrac{2}{7} =$

⑫ $\dfrac{15}{17} - \dfrac{4}{17} =$

⑬ $3 - \dfrac{4}{6} =$

⑭ $4 - \dfrac{2}{9} =$

재미있게 공부하는 문장 수학 논술 문제	20. 성희네 집에 그림책과 동화책이 있습니다. 그 중 동화책이 $\dfrac{5}{8}$ 있다면 그림책은 얼마나 있을까요?

■■ 다음 분수의 뺄셈을 하시오. 답은 약분하지 않아도 됩니다.

❶ $\dfrac{7}{10} - \dfrac{3}{10} =$

❷ $\dfrac{13}{14} - \dfrac{2}{14} =$

❸ $4 - \dfrac{1}{4} =$

❹ $4 - \dfrac{3}{9} =$

❺ $2 - \dfrac{5}{7} =$

❻ $3 - \dfrac{6}{13} =$

❼ $3 - \dfrac{10}{15} =$

❽ $4 - \dfrac{13}{16} =$

❾ $5 - \dfrac{17}{23} =$

❿ $3 - \dfrac{25}{28} =$

⓫ $\dfrac{8}{9} - \dfrac{3}{9} =$

⓬ $\dfrac{14}{15} - \dfrac{3}{15} =$

⓭ $3 - \dfrac{8}{9} =$

⓮ $2 - \dfrac{5}{6} =$

식을 세워 보자! _____

정답 : (   )

■ 다음 분수의 뺄셈을 하시오. 답은 약분하지 않아도 됩니다.

① $\dfrac{7}{8} - \dfrac{4}{8} =$

② $\dfrac{6}{17} - \dfrac{3}{17} =$

③ $4 - \dfrac{2}{9} =$

④ $3 - \dfrac{5}{7} =$

⑤ $4 - \dfrac{2}{11} =$

⑥ $3 - \dfrac{13}{19} =$

⑦ $4 - \dfrac{17}{21} =$

⑧ $3 - \dfrac{20}{24} =$

⑨ $4 - \dfrac{16}{25} =$

⑩ $3 - \dfrac{21}{27} =$

⑪ $\dfrac{7}{9} - \dfrac{2}{9} =$

⑫ $\dfrac{17}{22} - \dfrac{11}{22} =$

⑬ $4 - \dfrac{5}{8} =$

⑭ $2 - \dfrac{2}{9} =$

⑮ $3 - \dfrac{8}{13} =$

⑯ $4 - \dfrac{11}{15} =$

⑰ $5 - \dfrac{5}{18} =$

⑱ $6 - \dfrac{11}{23} =$

⑲ $4 - \dfrac{21}{26} =$

⑳ $3 - \dfrac{23}{28} =$

테스트 결과표

성취도 테스트 문제는 앞 장의 공부가 끝나고 얼마나 정확하고 빠르게 습득했는 지를 알아보기 위한 확인과정의 테스트입니다.

아이가 무엇을 이해 못하는지 어느 부분에서 실수를 하는지 보완하고 잡아주기 위한 자료로 활용하시면 아이에게 큰 도움이 될 것입니다.

정답수	20문제	18문제	16문제	16문제 이하
성취도	아주 잘함	잘함	보통	부족함

65단계 성취도문제 정답		
❶ $\dfrac{3}{8}$ ❷ $\dfrac{3}{17}$ ❸ $3\dfrac{7}{9}$ ❹ $2\dfrac{2}{7}$ ❺ $3\dfrac{9}{11}$ ❻ $2\dfrac{6}{19}$ ❼ $3\dfrac{4}{21}$ ❽ $2\dfrac{4}{24}$ ❾ $3\dfrac{9}{25}$ ❿ $2\dfrac{6}{27}$
⑪ $\dfrac{5}{9}$ ⑫ $\dfrac{6}{22}$ ⑬ $3\dfrac{3}{8}$ ⑭ $1\dfrac{7}{9}$ ⑮ $2\dfrac{5}{13}$ ⑯ $3\dfrac{4}{15}$ ⑰ $4\dfrac{13}{18}$ ⑱ $5\dfrac{12}{23}$ ⑲ $3\dfrac{5}{26}$ ⑳ $2\dfrac{5}{28}$

| 65단계 문장 수학 논술 문제 정답 | 17.식 $\dfrac{7}{6} - \dfrac{5}{6}$ 답 $\dfrac{2}{6} = \dfrac{1}{3}$ | 18.식 $\dfrac{17}{7} - \dfrac{3}{7}$ 답 $\dfrac{14}{7} = 2$ | 19.식 $\dfrac{7}{5} - \dfrac{2}{5}$ 답 $\dfrac{5}{5} = 1$ | 20.식 $\dfrac{8}{8} - \dfrac{5}{8}$ 답 $\dfrac{3}{8}$ |

01 | 종합문제

■ 다음 문제를 계산 하시오. 답은 약분하지 않아도 됩니다.

① $\dfrac{2}{5} + \dfrac{2}{5} =$　　　　② $\dfrac{4}{6} + \dfrac{6}{6} =$

③ $\dfrac{3}{7} + \dfrac{6}{7} =$　　　　④ $\dfrac{7}{7} - \dfrac{2}{7} =$

⑤ $\dfrac{4}{5} - \dfrac{1}{5} =$　　　　⑥ $\dfrac{7}{8} - \dfrac{3}{8} =$

⑦ $\dfrac{6}{7} - \dfrac{3}{7} =$　　　　⑧ $\dfrac{5}{8} - \dfrac{2}{8} =$

⑨ $5 - \dfrac{4}{5} =$　　　　⑩ $4 - \dfrac{5}{9} =$

⑪ $4 - \dfrac{2}{5} =$　　　　⑫ $2 - \dfrac{4}{7} =$

⑬ $\dfrac{12}{13} - \dfrac{9}{13} =$　　　　⑭ $\dfrac{8}{9} - \dfrac{4}{9} =$

02 | 종합문제

■ 다음 문제를 계산 하시오. 답은 약분하지 않아도 됩니다.

❶ $\dfrac{5}{8} + \dfrac{7}{8} =$

❷ $\dfrac{4}{9} + \dfrac{6}{9} =$

❸ $\dfrac{3}{5} + \dfrac{5}{5} =$

❹ $\dfrac{10}{11} - \dfrac{3}{11} =$

❺ $\dfrac{12}{13} - \dfrac{8}{13} =$

❻ $\dfrac{11}{12} - \dfrac{5}{12} =$

❼ $\dfrac{8}{9} - \dfrac{3}{9} =$

❽ $\dfrac{5}{7} - \dfrac{2}{7} =$

❾ $5 - \dfrac{2}{7} =$

❿ $3 - \dfrac{7}{8} =$

⓫ $4 - \dfrac{2}{9} =$

⓬ $3 - \dfrac{4}{9} =$

⓭ $\dfrac{7}{8} - \dfrac{4}{8} =$

⓮ $\dfrac{13}{15} - \dfrac{8}{15} =$

03 | 종합문제

■ 다음 분수를 대분수로 고치시오. 답은 약분하지 않아도 됩니다.

❶ $\dfrac{70}{8} =$

❷ $\dfrac{47}{10} =$

❸ $4\dfrac{20}{6} =$

❹ $2\dfrac{16}{13} =$

❺ $\dfrac{59}{6} =$

❻ $\dfrac{39}{4} =$

❼ $7\dfrac{13}{12} =$

❽ $\dfrac{49}{9} =$

❾ $\dfrac{32}{9} =$

❿ $\dfrac{44}{7} =$

⓫ $\dfrac{49}{9} =$

⓬ $\dfrac{55}{9} =$

⓭ $3\dfrac{11}{7} =$

⓮ $4\dfrac{39}{15} =$

04 | 종합문제

다음 문제를 계산 하시오. 답은 약분하지 않아도 됩니다.

① $\dfrac{3}{5} + \dfrac{3}{5} =$

② $\dfrac{10}{11} + \dfrac{9}{11} =$

③ $\dfrac{2}{4} + \dfrac{4}{4} =$

④ $\dfrac{12}{15} + \dfrac{5}{15} =$

⑤ $\dfrac{3}{7} + \dfrac{5}{7} =$

⑥ $\dfrac{5}{13} + \dfrac{10}{13} =$

⑦ $\dfrac{7}{8} + \dfrac{7}{8} =$

⑧ $\dfrac{12}{14} + \dfrac{13}{14} =$

⑨ $\dfrac{23}{25} + \dfrac{16}{25} =$

⑩ $\dfrac{23}{28} + \dfrac{26}{28} =$

⑪ $\dfrac{7}{10} + \dfrac{7}{10} =$

⑫ $\dfrac{11}{13} + \dfrac{11}{13} =$

⑬ $\dfrac{5}{9} + \dfrac{6}{9} =$

⑭ $\dfrac{10}{15} + \dfrac{9}{15} =$

C-1
초등수학 계산법

초등수학 수준별 능력별 계산법 프로그램

분수의 덧셈과 뺄셈

기초편

정답

기초편 01

① $\frac{4}{5}$	② $\frac{9}{6}$	③ $\frac{21}{8}$	④ $\frac{8}{10}$
⑤ $\frac{14}{13}$	⑥ $\frac{25}{18}$	⑦ $\frac{43}{24}$	⑧ $\frac{15}{20}$
⑨ $\frac{29}{21}$	⑩ $\frac{16}{17}$	⑪ $\frac{29}{20}$	⑫ $\frac{31}{25}$
⑬ $\frac{7}{4}$	⑭ $\frac{10}{7}$		

기초편 02

① $\frac{3}{3}$	② $\frac{7}{5}$	③ $\frac{6}{4}$	④ $\frac{12}{7}$
⑤ $\frac{9}{8}$	⑥ $\frac{11}{10}$	⑦ $\frac{11}{9}$	⑧ $\frac{16}{12}$
⑨ $\frac{21}{15}$	⑩ $\frac{22}{17}$	⑪ $\frac{26}{21}$	⑫ $\frac{45}{27}$
⑬ $\frac{8}{7}$	⑭ $\frac{18}{10}$		

기초편 03

① $\frac{8}{5}$	② $\frac{10}{6}$	③ $\frac{12}{8}$	④ $\frac{11}{7}$
⑤ $\frac{16}{10}$	⑥ $\frac{13}{11}$	⑦ $\frac{22}{13}$	⑧ $\frac{26}{19}$
⑨ $\frac{30}{20}$	⑩ $\frac{35}{22}$	⑪ $\frac{41}{23}$	⑫ $\frac{37}{25}$
⑬ $\frac{9}{7}$	⑭ $\frac{11}{9}$		

기초편 04

① $\frac{7}{5}$	② $\frac{8}{7}$	③ $\frac{10}{6}$	④ $\frac{13}{8}$
⑤ $\frac{17}{10}$	⑥ $\frac{20}{11}$	⑦ $\frac{23}{13}$	⑧ $\frac{24}{15}$
⑨ $\frac{25}{16}$	⑩ $\frac{27}{19}$	⑪ $\frac{30}{18}$	⑫ $\frac{39}{21}$
⑬ $\frac{10}{6}$	⑭ $\frac{13}{8}$		

기초편 05

① $\frac{7}{5}$	② $\frac{9}{7}$	③ $\frac{10}{9}$	④ $\frac{18}{11}$
⑤ $\frac{22}{13}$	⑥ $\frac{26}{15}$	⑦ $\frac{30}{17}$	⑧ $\frac{26}{18}$
⑨ $\frac{39}{21}$	⑩ $\frac{38}{20}$	⑪ $\frac{42}{23}$	⑫ $\frac{46}{27}$
⑬ $\frac{8}{6}$	⑭ $\frac{13}{8}$		

기초편 06

① $\frac{4}{5}$	② $\frac{9}{7}$	③ $\frac{10}{6}$	④ $\frac{13}{8}$
⑤ $\frac{16}{10}$	⑥ $\frac{18}{11}$	⑦ $\frac{24}{15}$	⑧ $\frac{29}{16}$
⑨ $\frac{38}{20}$	⑩ $\frac{23}{17}$	⑪ $\frac{25}{22}$	⑫ $\frac{38}{25}$
⑬ $\frac{4}{3}$	⑭ $\frac{12}{7}$		

기초편 07

① $\frac{7}{6}$	② $\frac{9}{7}$	③ $\frac{8}{5}$	④ $\frac{21}{11}$
⑤ $\frac{12}{10}$	⑥ $\frac{25}{13}$	⑦ $\frac{26}{15}$	⑧ $\frac{28}{17}$
⑨ $\frac{24}{16}$	⑩ $\frac{28}{18}$	⑪ $\frac{32}{19}$	⑫ $\frac{44}{23}$
⑬ $\frac{11}{9}$	⑭ $\frac{19}{11}$		

기초편 08

① $\frac{10}{7}$	② $\frac{15}{10}$	③ $\frac{22}{12}$	④ $\frac{18}{11}$
⑤ $\frac{22}{13}$	⑥ $\frac{24}{14}$	⑦ $\frac{18}{12}$	⑧ $\frac{25}{15}$
⑨ $\frac{31}{17}$	⑩ $\frac{32}{19}$	⑪ $\frac{36}{22}$	⑫ $\frac{46}{25}$
⑬ $\frac{12}{9}$	⑭ $\frac{19}{11}$		

C-1 초등수학 계산법 62단계 정답

기초편 01
① $\frac{3}{5}$ ② $\frac{3}{6}$ ③ $\frac{2}{8}$ ④ $\frac{6}{10}$
⑤ $\frac{8}{11}$ ⑥ $\frac{4}{12}$ ⑦ $\frac{12}{20}$ ⑧ $\frac{9}{22}$
⑨ $\frac{7}{17}$ ⑩ $\frac{10}{19}$ ⑪ $\frac{6}{23}$ ⑫ $\frac{6}{25}$
⑬ $\frac{2}{6}$ ⑭ $\frac{3}{9}$

기초편 02
① $\frac{2}{7}$ ② $\frac{4}{10}$ ③ $\frac{7}{11}$ ④ $\frac{7}{13}$
⑤ $\frac{5}{19}$ ⑥ $\frac{5}{10}$ ⑦ $\frac{2}{13}$ ⑧ $\frac{13}{20}$
⑨ $\frac{8}{19}$ ⑩ $\frac{5}{22}$ ⑪ $\frac{3}{25}$ ⑫ $\frac{11}{23}$
⑬ $\frac{1}{8}$ ⑭ $\frac{5}{11}$

기초편 03
① $\frac{4}{8}$ ② $\frac{5}{10}$ ③ $\frac{4}{13}$ ④ $\frac{4}{17}$
⑤ $\frac{7}{18}$ ⑥ $\frac{6}{20}$ ⑦ $\frac{14}{21}$ ⑧ $\frac{5}{24}$
⑨ $\frac{4}{26}$ ⑩ $\frac{2}{20}$ ⑪ $\frac{3}{25}$ ⑫ $\frac{7}{26}$
⑬ $\frac{5}{9}$ ⑭ $\frac{4}{11}$

기초편 04
① $\frac{3}{7}$ ② $\frac{4}{9}$ ③ $\frac{6}{11}$ ④ $\frac{5}{13}$
⑤ $\frac{11}{17}$ ⑥ $\frac{12}{19}$ ⑦ $\frac{10}{20}$ ⑧ $\frac{10}{23}$
⑨ $\frac{6}{25}$ ⑩ $\frac{9}{23}$ ⑪ $\frac{5}{24}$ ⑫ $\frac{9}{25}$
⑬ $\frac{3}{8}$ ⑭ $\frac{1}{10}$

기초편 05
① $\frac{4}{8}$ ② $\frac{3}{10}$ ③ $\frac{7}{11}$ ④ $\frac{4}{15}$
⑤ $\frac{3}{17}$ ⑥ $\frac{15}{22}$ ⑦ $\frac{5}{24}$ ⑧ $\frac{5}{20}$
⑨ $\frac{8}{25}$ ⑩ $\frac{13}{27}$ ⑪ $\frac{5}{24}$ ⑫ $\frac{11}{26}$
⑬ $\frac{4}{9}$ ⑭ $\frac{4}{11}$

기초편 06
① $\frac{5}{8}$ ② $\frac{4}{9}$ ③ $\frac{6}{12}$ ④ $\frac{4}{15}$
⑤ $\frac{5}{17}$ ⑥ $\frac{7}{20}$ ⑦ $\frac{11}{22}$ ⑧ $\frac{12}{25}$
⑨ $\frac{10}{23}$ ⑩ $\frac{8}{24}$ ⑪ $\frac{6}{25}$ ⑫ $\frac{7}{26}$
⑬ $\frac{3}{7}$ ⑭ $\frac{7}{11}$

기초편 07
① $\frac{3}{7}$ ② $\frac{5}{9}$ ③ $\frac{4}{12}$ ④ $\frac{6}{13}$
⑤ $\frac{3}{15}$ ⑥ $\frac{9}{17}$ ⑦ $\frac{7}{19}$ ⑧ $\frac{7}{21}$
⑨ $\frac{8}{23}$ ⑩ $\frac{6}{25}$ ⑪ $\frac{6}{26}$ ⑫ $\frac{15}{28}$
⑬ $\frac{3}{8}$ ⑭ $\frac{4}{11}$

기초편 08
① $\frac{3}{7}$ ② $\frac{5}{9}$ ③ $\frac{4}{13}$ ④ $\frac{4}{15}$
⑤ $\frac{6}{17}$ ⑥ $\frac{4}{16}$ ⑦ $\frac{9}{21}$ ⑧ $\frac{14}{20}$
⑨ $\frac{8}{23}$ ⑩ $\frac{7}{25}$ ⑪ $\frac{7}{24}$ ⑫ $\frac{7}{26}$
⑬ $\frac{2}{5}$ ⑭ $\frac{5}{10}$

기초편 01

① $8\frac{6}{8}$ ② $3\frac{7}{9}$ ③ $4\frac{7}{10}$ ④ $5\frac{5}{9}$
⑤ $13\frac{2}{3}$ ⑥ $6\frac{1}{4}$ ⑦ $4\frac{4}{7}$ ⑧ $5\frac{5}{9}$
⑨ $3\frac{2}{8}$ ⑩ $5\frac{2}{5}$ ⑪ $5\frac{2}{7}$ ⑫ $6\frac{3}{8}$
⑬ $8\frac{4}{5}$ ⑭ $11\frac{7}{13}$

기초편 02

① $7\frac{2}{6}$ ② $6\frac{2}{11}$ ③ $3\frac{3}{13}$ ④ $8\frac{2}{9}$
⑤ $5\frac{1}{5}$ ⑥ 7 ⑦ $11\frac{3}{7}$ ⑧ $3\frac{6}{9}$
⑨ $12\frac{2}{4}$ ⑩ $12\frac{6}{7}$ ⑪ $6\frac{1}{4}$ ⑫ $7\frac{5}{7}$
⑬ $5\frac{3}{5}$ ⑭ $3\frac{2}{13}$

기초편 03

① 14 ② $9\frac{5}{6}$ ③ $9\frac{3}{4}$ ④ $5\frac{5}{6}$
⑤ $4\frac{2}{7}$ ⑥ $4\frac{3}{8}$ ⑦ $2\frac{3}{11}$ ⑧ $3\frac{12}{17}$
⑨ $5\frac{4}{13}$ ⑩ $4\frac{12}{15}$ ⑪ 7 ⑫ $4\frac{2}{7}$
⑬ 25 ⑭ $1\frac{7}{8}$

기초편 04

① $8\frac{1}{12}$ ② $2\frac{2}{4}$ ③ $5\frac{4}{9}$ ④ $9\frac{1}{2}$
⑤ $9\frac{1}{4}$ ⑥ $6\frac{3}{5}$ ⑦ $3\frac{2}{12}$ ⑧ $4\frac{12}{17}$
⑨ $6\frac{9}{21}$ ⑩ $7\frac{3}{4}$ ⑪ 14 ⑫ $14\frac{2}{5}$
⑬ $4\frac{5}{9}$ ⑭ $4\frac{3}{4}$

기초편 05

① 9 ② $3\frac{5}{9}$ ③ $6\frac{2}{7}$ ④ $6\frac{1}{2}$
⑤ $18\frac{2}{3}$ ⑥ $5\frac{6}{7}$ ⑦ 7 ⑧ $4\frac{3}{5}$
⑨ $4\frac{4}{7}$ ⑩ $2\frac{3}{8}$ ⑪ $3\frac{9}{11}$ ⑫ $7\frac{2}{9}$
⑬ 4 ⑭ $2\frac{3}{5}$

기초편 06

① 21 ② $5\frac{4}{9}$ ③ $6\frac{1}{9}$ ④ $6\frac{2}{14}$
⑤ 4 ⑥ $4\frac{7}{17}$ ⑦ 13 ⑧ $3\frac{2}{17}$
⑨ $6\frac{3}{23}$ ⑩ $4\frac{2}{3}$ ⑪ $3\frac{2}{5}$ ⑫ $5\frac{7}{9}$
⑬ $10\frac{5}{7}$ ⑭ $2\frac{1}{11}$

기초편 07

① $1\frac{10}{11}$ ② $4\frac{3}{4}$ ③ $4\frac{4}{7}$ ④ $4\frac{2}{13}$
⑤ $6\frac{9}{15}$ ⑥ $2\frac{5}{7}$ ⑦ $1\frac{3}{9}$ ⑧ $4\frac{4}{17}$
⑨ $2\frac{2}{14}$ ⑩ $3\frac{5}{24}$ ⑪ 8 ⑫ $7\frac{4}{7}$
⑬ $7\frac{5}{8}$ ⑭ $23\frac{2}{3}$

기초편 08

① $6\frac{1}{6}$ ② $3\frac{5}{9}$ ③ $9\frac{1}{3}$ ④ $3\frac{16}{17}$
⑤ $6\frac{8}{19}$ ⑥ $3\frac{2}{4}$ ⑦ 6 ⑧ $6\frac{3}{13}$
⑨ $3\frac{3}{19}$ ⑩ $3\frac{4}{5}$ ⑪ $3\frac{1}{9}$ ⑫ $4\frac{5}{7}$
⑬ $15\frac{1}{3}$ ⑭ $2\frac{7}{8}$

기초편 01

1. $1\frac{1}{5}$
2. $1\frac{5}{9}$
3. $1\frac{8}{11}$
4. $1\frac{11}{13}$
5. $1\frac{6}{15}$
6. $1\frac{15}{19}$
7. $1\frac{15}{23}$
8. $1\frac{18}{25}$
9. $1\frac{20}{26}$
10. $1\frac{19}{27}$
11. $1\frac{5}{7}$
12. $1\frac{6}{10}$
13. $1\frac{13}{15}$
14. $1\frac{5}{17}$

기초편 02

1. $1\frac{2}{4}$
2. $1\frac{1}{12}$
3. $1\frac{2}{15}$
4. $1\frac{13}{17}$
5. $1\frac{17}{21}$
6. $1\frac{18}{25}$
7. $1\frac{14}{24}$
8. $1\frac{16}{27}$
9. $1\frac{19}{28}$
10. $1\frac{21}{29}$
11. $1\frac{3}{6}$
12. $1\frac{5}{9}$
13. 1
14. $1\frac{9}{15}$

기초편 03

1. $1\frac{1}{7}$
2. $1\frac{2}{9}$
3. $1\frac{2}{13}$
4. $1\frac{13}{15}$
5. $1\frac{7}{17}$
6. $1\frac{5}{18}$
7. $1\frac{8}{23}$
8. $1\frac{20}{25}$
9. $1\frac{22}{27}$
10. $1\frac{21}{28}$
11. $1\frac{2}{8}$
12. $1\frac{7}{11}$
13. $1\frac{7}{14}$
14. $1\frac{11}{16}$

기초편 04

1. $1\frac{6}{8}$
2. $1\frac{6}{10}$
3. $1\frac{11}{14}$
4. $1\frac{13}{16}$
5. $1\frac{10}{19}$
6. $1\frac{16}{23}$
7. $1\frac{16}{24}$
8. $1\frac{15}{26}$
9. $1\frac{23}{25}$
10. $1\frac{20}{28}$
11. $1\frac{3}{9}$
12. $1\frac{1}{12}$
13. $1\frac{10}{15}$
14. 1

기초편 05

1. $1\frac{2}{8}$
2. $1\frac{5}{11}$
3. $1\frac{5}{13}$
4. $1\frac{9}{15}$
5. $1\frac{13}{19}$
6. $1\frac{17}{23}$
7. $1\frac{14}{25}$
8. $1\frac{22}{26}$
9. $1\frac{21}{28}$
10. $1\frac{22}{25}$
11. $1\frac{2}{9}$
12. $1\frac{8}{14}$
13. $1\frac{9}{15}$
14. $1\frac{10}{18}$

기초편 06

1. $1\frac{4}{10}$
2. $1\frac{8}{12}$
3. $1\frac{9}{13}$
4. $1\frac{12}{17}$
5. $1\frac{1}{18}$
6. $1\frac{13}{23}$
7. $1\frac{13}{25}$
8. $1\frac{10}{27}$
9. $1\frac{20}{28}$
10. $1\frac{21}{29}$
11. $1\frac{4}{9}$
12. $1\frac{8}{11}$
13. $1\frac{8}{15}$
14. $1\frac{4}{16}$

기초편 07

1. $1\frac{2}{5}$
2. $1\frac{4}{9}$
3. $1\frac{9}{13}$
4. $1\frac{10}{15}$
5. $1\frac{12}{17}$
6. $1\frac{3}{23}$
7. $1\frac{17}{25}$
8. $1\frac{22}{27}$
9. $1\frac{20}{25}$
10. $1\frac{21}{26}$
11. $1\frac{1}{6}$
12. $1\frac{9}{11}$
13. $1\frac{9}{15}$
14. $1\frac{9}{18}$

기초편 08

1. $1\frac{2}{9}$
2. $1\frac{7}{13}$
3. $1\frac{4}{15}$
4. $1\frac{7}{19}$
5. $1\frac{18}{24}$
6. $1\frac{9}{27}$
7. $1\frac{15}{25}$
8. $1\frac{10}{28}$
9. $1\frac{20}{28}$
10. $1\frac{21}{27}$
11. $1\frac{3}{8}$
12. $1\frac{8}{12}$
13. $1\frac{10}{16}$
14. $1\frac{3}{18}$

기초편 01

① $\dfrac{2}{5}$ ② $\dfrac{7}{13}$ ③ $4\dfrac{1}{5}$ ④ $4\dfrac{5}{7}$

⑤ $3\dfrac{4}{9}$ ⑥ $2\dfrac{1}{8}$ ⑦ $1\dfrac{3}{10}$ ⑧ $3\dfrac{2}{12}$

⑨ $2\dfrac{6}{15}$ ⑩ $1\dfrac{5}{17}$ ⑪ $\dfrac{2}{6}$ ⑫ $\dfrac{8}{15}$

⑬ $2\dfrac{2}{5}$ ⑭ $5\dfrac{4}{6}$

기초편 02

① $\dfrac{5}{7}$ ② $\dfrac{3}{12}$ ③ $3\dfrac{2}{4}$ ④ $2\dfrac{5}{7}$

⑤ $1\dfrac{8}{9}$ ⑥ $2\dfrac{3}{8}$ ⑦ $3\dfrac{3}{10}$ ⑧ $2\dfrac{3}{15}$

⑨ $3\dfrac{2}{17}$ ⑩ $1\dfrac{11}{24}$ ⑪ $\dfrac{3}{9}$ ⑫ $\dfrac{4}{11}$

⑬ $2\dfrac{2}{5}$ ⑭ $1\dfrac{3}{8}$

기초편 03

① $\dfrac{3}{7}$ ② $\dfrac{4}{15}$ ③ $3\dfrac{3}{5}$ ④ $3\dfrac{7}{9}$

⑤ $1\dfrac{3}{7}$ ⑥ $2\dfrac{5}{9}$ ⑦ $3\dfrac{2}{12}$ ⑧ $2\dfrac{3}{15}$

⑨ $1\dfrac{6}{18}$ ⑩ $2\dfrac{2}{25}$ ⑪ $\dfrac{1}{8}$ ⑫ $\dfrac{12}{17}$

⑬ $4\dfrac{6}{9}$ ⑭ $2\dfrac{4}{8}$

기초편 04

① $\dfrac{2}{6}$ ② $\dfrac{7}{15}$ ③ $4\dfrac{1}{6}$ ④ $2\dfrac{4}{7}$

⑤ $6\dfrac{4}{9}$ ⑥ $2\dfrac{3}{10}$ ⑦ $3\dfrac{6}{13}$ ⑧ $2\dfrac{2}{15}$

⑨ $1\dfrac{3}{17}$ ⑩ $2\dfrac{4}{23}$ ⑪ $\dfrac{4}{8}$ ⑫ $\dfrac{6}{13}$

⑬ $2\dfrac{3}{8}$ ⑭ $3\dfrac{7}{9}$

기초편 05

① $\dfrac{3}{7}$ ② $\dfrac{3}{13}$ ③ $3\dfrac{2}{4}$ ④ $4\dfrac{3}{8}$

⑤ $5\dfrac{1}{2}$ ⑥ $2\dfrac{5}{9}$ ⑦ $3\dfrac{1}{11}$ ⑧ $2\dfrac{6}{13}$

⑨ $3\dfrac{2}{15}$ ⑩ $2\dfrac{2}{23}$ ⑪ $\dfrac{3}{8}$ ⑫ $\dfrac{5}{15}$

⑬ $2\dfrac{1}{3}$ ⑭ $3\dfrac{1}{7}$

기초편 06

① $\dfrac{4}{9}$ ② $\dfrac{3}{15}$ ③ $2\dfrac{4}{8}$ ④ $3\dfrac{7}{9}$

⑤ $2\dfrac{2}{7}$ ⑥ $3\dfrac{4}{12}$ ⑦ $2\dfrac{4}{15}$ ⑧ $3\dfrac{2}{19}$

⑨ $2\dfrac{3}{23}$ ⑩ $4\dfrac{2}{27}$ ⑪ $\dfrac{2}{10}$ ⑫ $\dfrac{6}{17}$

⑬ $2\dfrac{5}{9}$ ⑭ $3\dfrac{3}{8}$

기초편 07

① $\dfrac{5}{8}$ ② $\dfrac{5}{16}$ ③ $3\dfrac{3}{5}$ ④ $2\dfrac{3}{8}$

⑤ $4\dfrac{4}{7}$ ⑥ $2\dfrac{10}{12}$ ⑦ $3\dfrac{3}{14}$ ⑧ $2\dfrac{2}{15}$

⑨ $3\dfrac{3}{24}$ ⑩ $4\dfrac{17}{27}$ ⑪ $\dfrac{3}{7}$ ⑫ $\dfrac{11}{17}$

⑬ $2\dfrac{2}{6}$ ⑭ $3\dfrac{7}{9}$

기초편 08

① $\dfrac{4}{10}$ ② $\dfrac{11}{14}$ ③ $3\dfrac{3}{4}$ ④ $3\dfrac{6}{9}$

⑤ $1\dfrac{2}{7}$ ⑥ $2\dfrac{7}{13}$ ⑦ $2\dfrac{5}{15}$ ⑧ $3\dfrac{3}{16}$

⑨ $4\dfrac{6}{23}$ ⑩ $2\dfrac{3}{28}$ ⑪ $\dfrac{5}{9}$ ⑫ $\dfrac{11}{15}$

⑬ $2\dfrac{1}{9}$ ⑭ $1\dfrac{1}{6}$

C-1 초등수학 계산법

종합문제 정답

기초편 01

1. $\dfrac{4}{5}$
2. $1\dfrac{4}{6}$
3. $1\dfrac{2}{7}$
4. $\dfrac{5}{7}$
5. $\dfrac{3}{5}$
6. $\dfrac{4}{8}$
7. $\dfrac{3}{7}$
8. $\dfrac{3}{8}$
9. $4\dfrac{1}{5}$
10. $3\dfrac{4}{9}$
11. $3\dfrac{3}{5}$
12. $1\dfrac{3}{7}$
13. $\dfrac{3}{13}$
14. $\dfrac{4}{9}$

기초편 02

1. $1\dfrac{4}{8}$
2. $1\dfrac{1}{9}$
3. $1\dfrac{3}{5}$
4. $\dfrac{7}{11}$
5. $\dfrac{4}{13}$
6. $\dfrac{6}{12}$
7. $\dfrac{5}{9}$
8. $\dfrac{3}{7}$
9. $4\dfrac{5}{7}$
10. $2\dfrac{1}{8}$
11. $3\dfrac{7}{9}$
12. $2\dfrac{5}{9}$
13. $\dfrac{3}{8}$
14. $\dfrac{5}{15}$

기초편 03

1. $8\dfrac{6}{8}$
2. $4\dfrac{7}{10}$
3. $7\dfrac{2}{6}$
4. $3\dfrac{3}{13}$
5. $9\dfrac{5}{6}$
6. $9\dfrac{3}{4}$
7. $8\dfrac{1}{12}$
8. $5\dfrac{4}{9}$
9. $3\dfrac{5}{9}$
10. $6\dfrac{2}{7}$
11. $5\dfrac{4}{9}$
12. $6\dfrac{1}{9}$
13. $4\dfrac{4}{7}$
14. $6\dfrac{9}{15}$

기초편 04

1. $1\dfrac{1}{5}$
2. $1\dfrac{8}{11}$
3. $1\dfrac{2}{4}$
4. $1\dfrac{2}{15}$
5. $1\dfrac{1}{7}$
6. $1\dfrac{2}{13}$
7. $1\dfrac{6}{8}$
8. $1\dfrac{11}{14}$
9. $1\dfrac{14}{25}$
10. $1\dfrac{21}{28}$
11. $1\dfrac{4}{10}$
12. $1\dfrac{9}{13}$
13. $1\dfrac{2}{9}$
14. $1\dfrac{4}{15}$